"十三五"国家重点出版物出版规划项目

能源化学与材料丛书　总主编　包信和

生物基聚酰胺材料

陈可泉　欧阳平凯 等　编著

科学出版社

北　京

内 容 简 介

本书主要内容包括四个部分：一是生物基聚酰胺的发展概况，主要包括生物基聚酰胺的种类与产业化现状、合成路线、单体制备技术及未来发展的趋势；二是生物基二元酸的制备技术，主要涉及生物基丁二酸、己二酸、壬二酸、癸二酸以及长链二元酸等原料的来源、制备过程和研究进展；三是生物基二元胺制备技术，主要涉及生物基 1,3-丙二胺、1,4-丁二胺、1,5-戊二胺、1,6-己二胺等原料的来源、制备过程和研究进展；四是油脂类与糖类原料制备生物基聚酰胺，包括材料的结构特性、合成工艺、应用及产业化现状等。

本书可供高等院校生物工程、生物技术、化学工程、高分子材料等专业的本科生和研究生用于知识拓展，也可供相关专业的教学工作者、科研工作者和工程技术人员参考。

图书在版编目（CIP）数据

生物基聚酰胺材料 / 陈可泉等编著. —北京：科学出版社，2021.4

（能源化学与材料丛书 / 包信和总主编）

"十三五"国家重点出版物出版规划项目

ISBN 978-7-03-068569-8

Ⅰ. ①生… Ⅱ. ①陈… Ⅲ. ①聚酰胺－生物材料 Ⅳ. ①TQ323.6

中国版本图书馆 CIP 数据核字（2021）第 064863 号

丛书策划：杨 震

责任编辑：李明楠 付林林 / 责任校对：杨 赛
责任印制：赵 博 / 封面设计：蓝正设计

斜 学 出 版 社 出版

北京东黄城根北街 16 号
邮政编码：100717
http://www.sciencep.com

北京凌奇印刷有限责任公司印刷
科学出版社发行 各地新华书店经销
*

2021 年 4 月第 一 版 开本：720 × 1000 1/16
2025 年 1 月第五次印刷 印张：9 3/4
字数：196 000

定价：98.00 元

（如有印装质量问题，我社负责调换）

丛书编委会

顾　　问：曹湘洪　赵忠贤

总　主　编：包信和

副总主编：（按姓氏汉语拼音排序）

　　　　　何鸣元　刘忠范　欧阳平凯　田中群　姚建年

编　　委：（按姓氏汉语拼音排序）

　　　　　陈　军　陈永胜　成会明　丁奎岭　樊栓狮

　　　　　郭烈锦　李　灿　李永丹　梁文平　刘昌俊

　　　　　刘海超　刘会洲　刘中民　马隆龙　苏党生

　　　　　孙立成　孙世刚　孙予罕　王建国　王　野

　　　　　王中林　魏　飞　肖丰收　谢在库　徐春明

　　　　　杨俊林　杨学明　杨　震　张东晓　张锁江

　　　　　赵东元　赵进才　郑永和　宗保宁　邹志刚

丛 书 序

　　能源是人类赖以生存的物质基础，在全球经济发展中具有特别重要的地位。能源科学技术的每一次重大突破都显著推动了生产力的发展和人类文明的进步。随着能源资源的逐渐枯竭和环境污染等问题日趋严重，人类的生存与发展受到了严重威胁与挑战。中国人口众多，当前正处于快速工业化和城市化的重要发展时期，能源和材料消费增长较快，能源问题也越来越突显。构建稳定、经济、洁净、安全和可持续发展的能源体系已成为我国迫在眉睫的艰巨任务。

　　能源化学是在世界能源需求日益突出的背景下正处于快速发展阶段的新兴交叉学科。提高能源利用效率和实现能源结构多元化是解决能源问题的关键，这些都离不开化学的理论与方法，以及以化学为核心的多学科交叉和基于化学基础的新型能源材料及能源支撑材料的设计合成和应用。作为能源学科中最主要的研究领域之一，能源化学是在融合物理化学、材料化学和化学工程等学科知识的基础上提升形成，兼具理学、工学相融合大格局的鲜明特色，是促进能源高效利用和新能源开发的关键科学方向。

　　中国是发展中大国，是世界能源消费大国。进入 21 世纪以来，我国化学和材料科学领域相关科学家厚积薄发，科研队伍整体实力强劲，科技发展处于世界先进水平，已逐步迈进世界能源科学研究大国行列。近年来，在催化化学、电化学、材料化学、光化学、燃烧化学、理论化学、环境化学和化学工程等领域均涌现出一批优秀的科技创新成果，其中不乏颠覆性的、引领世界科技变革的重大科技成就。为了更系统、全面、完整地展示中国科学家的优秀研究成果，彰显我国科学家的整体科研实力，提升我国能源科技领域的国际影响力，并使更多的年轻科学家和研究人员获取系统完整的知识，科学出版社于 2016 年 3 月正式启动了"能源化学与材料丛书"编研项目，得到领域众多优秀科学家的积极响应和鼎力支持。编撰该丛书的初衷是"凝炼精华，打造精品"。一方面要系统展示国内能源化学和材料资深专家的代表性研究成果，以及重要学术思想和学术成就，强调原创性和系统性及基础研究、应用研究与技术研发的完整性；另一方面，希望各分册针对特定的主题深入阐述，避免宽泛和冗余，尽量将篇幅控制在 30 万字内。

　　本套丛书于 2018 年获"十三五"国家重点出版物出版规划项目支持。希望它的付梓能为我国建设现代能源体系、深入推进能源革命、广泛培养能源科技人才贡献一份力量！同时，衷心希望越来越多的同仁积极参与到丛书的编写中，让本套丛书成为吸纳我国能源化学与新材料创新科技发展成就的思想宝库！

包信和

2018 年 11 月

前　言

聚酰胺（polyamide，PA），俗称尼龙，是指含羧基和氨基的单体聚合成的大分子主链中含有酰胺基团（—NH—CO—）重复单元的一类聚合物。聚酰胺具有柔韧性、弹性回复性、耐磨性、耐腐性、吸湿性及轻量性等优良性能，自实现工业化生产以来已广泛应用于机械、纺织、汽车、电子电器等领域。

生物基聚酰胺是指利用可再生的生物质为原料，通过生物、化学及物理等手段制造用于合成聚酰胺的前体，包括生物基内酰胺、生物基二元酸、生物基二元胺等，再通过聚合反应合成的高分子材料，具有绿色、环境友好、原料可再生等特性。目前已经商品化的生物基聚酰胺产品中，主要有 PA1010、PA11、PA610、PA410 等，此外还有多种生物基聚酰胺正在研发。虽然目前已经商品化的聚酰胺产品中，生物基聚酰胺仅占 1%左右，但生物技术及相关新技术的发展引起了全球众多研究机构对生物基聚酰胺的浓厚兴趣。

生物基聚酰胺按照合成前体结构的不同，分为两种类型，一类是通过氨基酸缩聚或者内酰胺开环聚合而成的聚酰胺；另一类是通过二元胺和二元酸缩聚而成的聚酰胺。本书将重点介绍通过二元胺和二元酸缩聚而成的生物基聚酰胺，分别从单体二元酸与二元胺的合成、聚酰胺材料的制备与应用等方面阐述。

本书由南京工业大学欧阳平凯教授、陈可泉教授共同草拟内容框架并编写、统稿。全书分五章，包括：第 1 章生物基聚酰胺材料概述，第 2 章生物基二元酸的制备，第 3 章生物基二元胺的制备，第 4 章油脂类原料制备生物基聚酰胺材料，第 5 章糖类原料制备生物基聚酰胺材料。其中第 1 章由欧阳平凯教授、陈可泉教授共同执笔，第 2、3 章由王昕副教授执笔，第 4、5 章由陈可泉教授执笔。

本书论述系统，内容翔实，从生物基聚酰胺材料单体的合成、材料制备与应用等多角度反映了当前生物基聚酰胺的研发、应用状况及其发展动向。本书可作为高等院校生物工程、生物技术、化学工程、高分子材料及其他相关专业的本科生、研究生的知识拓展教材，也可供相关专业的科研工作者和工程技术人员等参考。

限于编著者的学识与水平，书中不妥之处在所难免，敬请有关专家和读者提出宝贵建议。

作　者

2021 年 2 月

目　　录

第1章 生物基聚酰胺材料概述

1.1 生物基聚酰胺材料

1.1.1 生物基聚酰胺的种类

聚酰胺（polyamide，PA），俗称尼龙，用作纤维时又称锦纶，是指含羧基和氨基的单体聚合成的大分子主链中含有酰胺基团（—NH—CO—）重复单元的一类聚合物[1-3]。聚酰胺具有良好的柔韧性、弹性回复性、耐磨性、耐腐性、吸湿性及轻量性等优良性能，自实现工业化生产以来已广泛应用于机械、纺织、汽车、电子电器、水处理、化工设备、运动产品、医药和食品包装、航空、冶金等领域[4,5]。聚酰胺的品种达几十种之多，主要包含20世纪三四十年代研发并实现工业化的聚己内酰胺（PA6）和聚己二酰己二胺（PA66）；以及随后几十年陆续研发的其他工业化产品，如聚癸二酰己二胺（PA610）、聚ω-氨基十一酰胺（PA11）、聚十二内酰胺（PA12）、聚癸二酰丁二胺（PA410）、聚丁内酰胺（PA4）、聚己二酰丁二胺（PA46）、聚壬二酰己二胺（PA69）、聚癸二酰癸二胺（PA1010）、聚十二碳二酰癸二胺（PA1012）等；此外还有近些年开发的新品种，如聚己二酰戊二胺（PA56）、半芳香族尼龙和特种尼龙等[4]。

生物基聚酰胺是指利用可再生的生物质为原料，通过生物、化学及物理等手段制造用于合成聚酰胺的前体，包括生物基脂肪酸、生物基内酰胺、生物基二元酸、生物基二元胺等，具有绿色、环境友好、原料可再生的特性[4,6]。生物基聚酰胺按照合成前体结构的不同，分为两种类型，一类是AB型聚酰胺，是指通过氨基酸缩聚或者内酰胺开环聚合而成的聚酰胺；另一类是AABB型聚酰胺，是指通过二元胺和二元酸缩聚而成的聚酰胺[1,7]。根据主链的化学组成，聚酰胺可分为脂肪族聚酰胺、半芳香族聚酰胺和芳香族聚酰胺三种类型[3]；根据材料单体制备工艺的不同，生物基聚酰胺可分为完全生物基聚酰胺和部分生物基聚酰胺[8]。

早期商品化的生物基聚酰胺主要是以蓖麻油为原料衍生的产品，如AB型的聚十二内酰胺（PA12）（阿科玛公司）和AABB型的聚癸二酰癸二胺（PA1010）[阿科玛公司、杜邦（DuPont）公司等]。近年来以葡萄糖为原料，利用微生物技术生成生物基聚酰胺前体的研究方向得到广泛关注，在多项研究成果中部分产品已具备工业化生产的可行性。

1.1.2 生物基聚酰胺的商业化和产业化现状

聚酰胺这一纤维材料诞生于 80 多年前，1939 年世界上第一个聚酰胺的专利由美国杜邦公司的 Carothers 博士和 Graves 申请[9]，介绍了开发熔体纺丝得到 PA66 纤维的技术。随后，杜邦公司同年宣布其作为第一个聚酰胺品种实现工业化。也在这一年，德国法本公司开发了 PA6 纤维，并于 1941 年实现了工业化生产。而后各国的纤维原料研究者进行了多种聚酰胺材料的研究，PA11、PA1010、PA46 相继问世，逐渐形成了聚酰胺材料的产业群[10]。

20 世纪 40 年代，生物基聚酰胺的研究也逐渐开始，最初主要是以被称为"绿色石油"的蓖麻油为原料衍生而来的产品。现已商品化的完全生物基聚酰胺 PA11 就是在 20 世纪 50 年代由法国阿科玛公司开发合成并以 Rilsan® 为商标推广，目前应用于电子电器、汽车行业、运动器械、耐压管道、医药和食品包装等多个领域[1]。

由于全球石油资源逐渐减少，再加上传统石油化工技术引起生态环境恶化，寻找石油的替代品、谋求可持续发展已是全球热点问题。近年来，来源于可再生资源的生物基聚合物的研究成为热点。目前已经商品化的生物基聚酰胺产品中，主要有完全生物基聚酰胺（包括 PA1010 和 PA11 等）和部分生物基聚酰胺（包括 PA610、PA1012、PA410 等），此外还有多种完全生物基和部分生物基聚酰胺正在研发（表 1.1）。

表 1.1 生物基聚酰胺组成情况

品种	单体	原料来源	可再生碳质量分数/%
PA46	己二酸 1,4-丁二胺	葡萄糖 淀粉	100
PA410	癸二酸 1,4-丁二胺	蓖麻油 丙烯腈	69.7
	癸二酸 1,4-丁二胺	葡萄糖 蓖麻油	100
PA56	己二酸 1,5-戊二胺	葡萄糖 植物油	100
PA1010	癸二酸 癸二胺	蓖麻油 蓖麻油	100
PA11	ω-十一氨基酸	蓖麻油	100
PA610	癸二酸 1,6-己二胺	蓖麻油 丁二烯	63.5
PA1012	十二碳二元酸 癸二胺	烷烃 蓖麻油	42.9
PA66	己二酸 1,6-己二胺	葡萄糖 丁二烯	55.7

续表

品种	单体	原料来源	可再生碳质量分数/%
PA10T	对苯二甲酸 癸二胺	苯 蓖麻油	51.8
PA69	壬二酸 1,6-己二胺	十八烯酸 丁二烯	61.8

目前已经商品化的聚酰胺产品中，生物基聚酰胺仅占 1%左右[2, 8]，但生物技术及相关新技术对可再生性原料的研究吸引了全球众多著名企业，如杜邦、巴斯夫（BASF）、艾曼斯（EMS-GRIVORY）、赢创工业集团（Evonik，简称赢创）、荷兰皇家帝斯曼集团（DSM，简称帝斯曼）等的浓厚兴趣，巨大人力和财力的投入换来了生物基聚酰胺发展的长足进步[4]。表 1.2 汇总了国内外对生物基聚酯胺研究的代表性企业。其中最具实力和代表性的生物基聚酰胺生产企业之一是法国阿科玛公司，其开发和推出的产品包含了多个种类，如完全生物基的 PA11、PA1010 和部分生物基的 PA610 等。Rilsan® PA11 作为早期商品化的生物基聚酰胺，其制造历史已达五十多年，可以在天然气输送管道中替代高密度聚乙烯管（HDPE）和金属管。法国阿托菲纳公司在 1955 年开始将其自产的 PA11 推广应用于汽车领域中，至今，世界前八大汽车生产厂家生产的汽车制动管中 80%采用了 PA11。阿科玛公司还开发推出了 Rilsan®S（PA610）（最高达 62%生物含量）、Rilsan®Clear G830 Rnew（最高达 62%生物含量）、Rilsan®S Fine Powders（100%生物含量）、Rilsan®Rnew（最高达 97%生物含量）等生物基聚酰胺商品，具有优良的稳定性、低密度或可加工性等性能，广泛应用于汽车零部件、医用眼镜、水处理或运输装置中防腐保护等领域。2011 年阿科玛公司收购了苏州翰普高分子材料有限公司，用于生产长碳链聚酰胺（PA610、PA1010、PA11 等）；2012 年收购了河北凯德生物材料有限公司，用于生产癸二酸、癸二酸二甲酯及癸二酸二丁酯系列产品，为聚酰胺的生产提供原料，此举增强了其在聚酰胺领域的领先地位，并使阿科玛成为全球唯一一家能够提供长碳链聚酰胺"全套"产品的生产商。

表 1.2　国内外生产生物基聚酰胺的代表性企业

生物基聚酰胺	生物原料%	生产商	商标
尼龙 410（PA410）	100	帝斯曼（荷兰海尔伦）	EcoPaXX®
尼龙 610（PA610）	62	巴斯夫（德国路德维希港）	Ultramid®S Balance
		艾曼斯（瑞士多马特）	Grilamid®2S
		赢创（德国埃森）	VESTAMID®Terra HS
		苏威集团（罗地亚）（比利时布鲁塞尔）	Technyl®eXten
		杜邦公司（美国威明顿）	Zytel®RS LC3030
		阿科玛公司（法国科隆布）	Rilsan® S
		苏州翰普高分子材料有限公司（中国苏州）	Hiprolon®70

续表

生物基聚酰胺	生物原料%	生产商	商标
尼龙 1010（PA1010）	100	艾曼斯（瑞士多马特） 赢创（德国埃森） 杜邦公司（美国威明顿） 阿科玛公司（法国科隆布） 苏州翰普高分子材料有限公司（中国苏州）	Grilamid®1S VESTAMID®Terra DS Zytel®RS LC1000 Rilsan® T Hiprolon®200、Hiprolon®211
尼龙 1012（PA1012）	45	赢创（德国埃森） 苏州翰普高分子材料有限公司（中国苏州）	VESTAMID®TerraDD Hiprolon®400
尼龙 11（PA11）	100	阿科玛公司（法国科隆布） 苏州翰普高分子材料有限公司（中国苏州）	Rilsan® PA11 Hiprolon®11
PA10T	50	艾曼斯（瑞士多马特） 赢创（德国埃森）	Grilamid®HT3 VESTAMID®TerraHTplus M3000
芳香族聚酰胺 PPA	70	阿科玛公司（法国科隆布）	Rilsan® HT
透明聚酰胺	最高达 62	阿科玛公司（法国科隆布）	Rilsan® Clear G830 Rnew
共聚酰胺	最高可达 100	阿科玛公司（法国科隆布）	Platamid®Rnew
聚酰胺	高生物基	艾曼斯（瑞士多马特）	Grilamid®TR

　　美国杜邦公司最先将 PA66 工业化，约占全球 PA66 聚合物产能的 40%，如今杜邦公司已经发展成为工程聚合物市场上最大的尼龙制造商。该公司商品名为"Zytel®RS"系列产品中的可再生生物基聚合物是以蓖麻油中提取的癸二酸为原料，开发的生物基 PA1010（100%的生物含量）和 PA610。其中生物基 PA1010 用于菲亚特汽车的燃油管，并获得了 2011 年美国塑料工程师协会颁发的汽车创新奖决赛的环保类奖项。

　　荷兰帝斯曼作为生物基聚酰胺生产的全球领先企业之一，开发了多种生物基聚酰胺。商品名"EcoPaXX"的高性能生物基 PA410 系列（70%的生物含量），由于其优良的抗磨损性、耐化学性、力学特性、热稳定性，成功应用于汽车、体育器材品、水龙头阀芯和磨料丝等；2016 年帝斯曼又推出了 For Tii Eco 家族产品，生物含量为 30%～60%，专为超薄零件提供无卤素原料；而作为世界领先的商品名称为"Stanyl"的 PA46，是由帝斯曼最早实现其工业化生产，PA46 具有良好的流动性、优异的机械性能、耐化学性和耐热性，使其在电子和汽车领域拥有无可比拟的使用价值。帝斯曼公司目前拥有全球唯一的 1,4-丁二胺工业化方案，依托该技术，帝斯曼率先研发出 PA410、PA4T 产品[11]。

　　德国巴斯夫是世界最大的化工厂之一，在 41 个国家设有 160 多家子公司，在全世界拥有 6 个一体化（Verbund）基地和 361 个生产基地。其中位于中国上海浦东新区的巴斯夫上海浦东科技创新园生产 Ultramid®（聚酰胺，PA）产品。巴斯夫在 2010 年将生物基 PA610 推向汽车和其他设备的制造，年生产能力可达 1000 t。

Ultramid® S Balance 采用生物基癸二酸为原料，出色的产品性能使其在市场上很受欢迎。

除此之外，还有很多企业也在开发和推广生物基聚酰胺产品。德国赢创推出的商品名"VESTAMID"的系列生物基 PA 产品，包括 PA610（HS）、PA610（DS）和 PA610（DD）；瑞士艾曼斯公司开发了商品名"Grilamid"的生物基 PA 系列商品（PA1010、PA610 等）；日本味之素株式会社利用发酵得到的 L-赖氨酸生产 1, 5-戊二胺，随后与东丽株式会社合作生产 PA56[12]。我国在生物基 1, 5-戊二胺及以此为原料的生物基 PA56 的研究与开发亦取得了长足的发展[13]。上海凯赛生物技术研发中心有限公司在 2014 年突破绿色尼龙技术，完成产业化试验运行，2018 年在新疆乌苏生产基地进行生物基 1, 5-戊二胺（50 000 t/a）、生物基 PA56（100 000 t/a）和长链二元酸（60 000 t/a）的一期建设。宁夏伊品生物科技股份有限公司（简称宁夏伊品公司）分别在内蒙古赤峰和黑龙江大庆建立了 PA56 的生产线。位于赤峰的生产线预计产能达 4950 t/a，1, 5-戊二胺、PA56 的产能达 10288 t/a；位于大庆的生产线产能达 5004 t/a，1, 5-戊二胺、PA56 切片的产能达 11568 t/a。

中国是世界上最大的化纤生产国，历史悠久。1958 年，我国就已经独创了生物基 PA1010 并实现了产业化，但对于其他生物基聚酰胺的研发和产业化进程同欧美等发达国家和地区存在不小的差距[14]，导致我国的生物基聚酰胺长期依赖进口或合资企业。金发科技股份有限公司自 2006 年研发高性能生物基 PA10T（40%～60%生物含量），填补了我国在高温尼龙新材料上自主研发的空白[15]。PA10T 是一种新型高耐热半芳香族尼龙，作为一种特种聚酰胺工程塑料，应用于高科技领域（电子、特种工业等），PA10T 的商业化打破了国外产品垄断的局面。金发科技股份有限公司也成为继上海杰事杰（集团）股份有限公司之后我国第二个拥有耐高温尼龙工业化技术的单位。

我国在聚酰胺研发方面自 20 世纪 50 年代独创合成生物基 PA1010 后一直发展缓慢，与发达国家存在差距，随着研发力度的加大逐渐有了起色，也取得了一系列的成绩，但产业化进程仍不如人意[6, 14]。表 1.3 为现阶段我国生物基尼龙的研究情况。

表 1.3　现阶段国内生物基尼龙的研究情况

研发机构	产品	单体	原料	现状
山东瀚霖生物技术有限公司与中国科学院微生物研究所	十一碳二元酸、PA1212	二元酸二元胺	蓖麻油石油基	十一碳二元酸已产业化
优纤科技（丹东）有限公司	PA56 切片和短纤	己二酸1, 5-戊二胺	石油基L-赖氨酸	产业化筹备阶段
上海凯赛生物技术股份有限公司	PA56 切片	己二酸1, 5-戊二胺	石油基L-赖氨酸	产业化

续表

研发机构	产品	单体	原料	现状
中国科学院微生物研究所	PA5X 盐	X 二酸 1,5-戊二胺	石油基 氨基酸	研发阶段
南京工业大学	PA5X 盐	X 二酸 1,5-戊二胺	石油基 氨基酸	研发阶段
华东理工大学、福建华城实业有限公司与安溪茶叶生物科技公司	PA4 切片	丁内酰胺	L-谷氨酸	研发阶段

20 世纪 70 年代，中国科学院微生物研究所（简称中科院微生物所）为突破长链二元酸化学合成法的弊端，历经两代人，多位专家用微生物发酵技术成功生产出长链二元酸，成果"长链二元酸的研发与工业生产"获得 2006 年度国家科学技术进步奖二等奖[6]。中科院微生物所与山东瀚霖生物技术有限公司就微生物法生产长链二元酸及其衍生物尼龙产品开展全面合作，建设一期工程生产线，可实现长链二元酸 6 万 t/a 的生产能力。

优纤科技（丹东）有限公司与原总后勤部军需装备研究所合资研发生物基 PA56 合成技术。公司已建成两条聚酰胺生产线和国内首条德国进口的熔融尼龙生产线，年产可达 2 万 t，产品包括 PA56 切片和 PA56 短纤。

上海凯赛生物技术股份有限公司是一家以合成生物学等学科为基础，利用生物制造技术，从事生物基材料研发与生产的高新技术企业。目前该公司在金乡建有千吨级生物基 1,5-戊二胺和生物基聚酰胺中试生产线。乌苏生产基地一期年产 5 万 t 生物基 1,5-戊二胺及 10 万 t 生物基聚酰胺的生产线已试车投产。该公司又增加投资 35 亿元进行扩产，预计生物基二元胺的产能将再增加 5 万 t/a。

中科院微生物所经过多年攻关，开发了具有自主知识产权的以 L-赖氨酸为前体的生产菌种和 1,5-戊二胺/PA5X 盐制备工艺，成功获得了高纯度的 1,5-戊二胺和 PA5X 盐[6]。

南京工业大学研究组构建获得了 1,5-戊二胺生产的高效菌株，建立了绿色环保的材料单体生产工艺[16-18]，并将其与乙二酸、己二酸、辛二酸、癸二酸等成盐用于开发 PA5X 的系列产品。

PA4 是一种应用广泛的新型聚酰胺产品，但原料问题一直制约着它的大规模生产。伴随着我国"863"计划项目"利用生物基原料生产绿色尼龙聚丁内酰胺（尼龙 4，PA4）"的启动，华东理工大学、安溪茶叶生物科技公司和福建华城实业有限公司的共同合作实施，有望突破原料问题，降低成本，推动 PA4 的大规模应用[4, 19]。

1.2　生物基聚酰胺材料的制备技术

生物基聚酰胺的制备工艺路线按照不同的生物质原料来源及最终产品商业化的可行性，主要分为油脂路线、氨基酸路线和多糖路线[14]。

1.2.1　油脂路线

油脂是最初级和产量最大的生物基化学品之一，在化工生产中，油脂的重要性逐年提升，是主要的可再生原料之一。常见的油脂包括大豆油、蓖麻油、棕榈油等，其来源广泛，容易获得，同时可以通过简单的反应生产广泛用作聚合物生产的化学前体。采用油脂合成生物基聚酰胺产品，具有经济环保等多种优势。

目前，蓖麻油是市场上 PA11、PA610、PA1010 及 PA1012 等生物基 PA 和半生物基 PA 产品的重要原料[20]。这类产品主要是通过"蓖麻油—蓖麻油酸—单体"工艺得到的单体，其分子链的全部或部分成分直接或间接由蓖麻油制备。2018 年，蓖麻油及其衍生物的全球产量约为 73 万 t，并有望在未来的 5～7 年持续增长，其中将有 31%用于工业应用。蓖麻油中蓖麻油酸的含量高达 90%，此外还包含少量的油酸、亚油酸和硬脂酸。癸二酸和仲辛醇是由蓖麻油酸进一步裂解得到的。癸二酸可以和 1,4-丁二胺、1,6-己二胺、十二碳二胺通过共聚合来制备 PA410、PA610、PA612 等。

随着科技的进步，以其他油脂为基础原料（如 9,11-亚油酸，顺-13-二十二碳烯酸、油酸等）得到的脂肪酸也可用于合成 PA 单体。例如，PA12 通常是先以丁二烯为原料制备环十二碳三烯（CDT），再由 CDT 制备月桂内酰胺，最后聚合得到。而目前，可以通过生物技术，以棕榈仁油或蓖麻油为原料，合成月桂内酰胺，这条生产路线有希望完全取代石油基路线。葵花籽油可以制备具有 19 个碳的二酸二甲酯，而 1,19-二醇和 1,19-二酸可由其作为原料制备得到，进一步反应还可以得到 1,19-二胺等化合物。这些单体在合成生物基 PA 方面有明显的应用潜力，可以通过二胺和二酸制备聚酰胺盐，再经过聚合即可得到长链生物基 PA。

除了饱和主链的 PA 外，使用油脂也可以合成不饱和主链的 PA。Pardal 等[21]以油酸为原料发酵生产的反式十八碳烯二酸，分别与脂肪二胺、芳香二胺、环己烷二胺形成聚酰胺盐，共聚合得到了不同的 PA 材料，分析了双键、环状结构以及苯环等对 PA 的玻璃化转变温度、熔点和结晶性能的影响。结果表明，主链含有双键的 PA，在空气或紫外光的条件下，降解老化更为明显。这虽然限制了其使用，但也使得此类 PA 产品具有了可降解性。

1.2.2　氨基酸路线

氨基酸是含有氨基和羧基的一类有机化合物的通称,一般是无色晶体,熔点高,一般在200℃以上。不同的氨基酸有着不同的侧基,如氨基、羧基、甲基等。氨基酸因其价格低廉、环境友好而被广泛使用。但目前只有L-赖氨酸较为适合合成PA。

L-赖氨酸是重要的氨基酸原料之一,并且已成为仅次于味精的世界第二大氨基酸产业,其中美国ADM公司、日本味之素株式会社、日本协和发酵工业株式会社、德国巴斯夫公司等是L-赖氨酸的主要生产企业。20世纪90年代中期,L-赖氨酸市场在我国开始起步。我国L-赖氨酸生产能力在90年代初仅约1万t,而后得益于我国饲料工业的迅速发展,L-赖氨酸市场需求急速增长。2000年,国内企业的L-赖氨酸生产能力超过6万t。2003年,长春大成实业集团有限公司选育得到稳定的L-赖氨酸高产菌株,大大改善了我国赖氨酸产业落后的状况,2003年年底建成4万t的生产线,2005年其产能达到36万t/a。经过不断发展,长春大成实业集团有限公司2012年L-赖氨酸的产能达到80万t/a。国内主要的L-赖氨酸生产企业除了长春大成实业集团有限公司外,还有梅花生物科技集团股份有限公司(简称梅花集团)、宁夏伊品公司等。宁夏伊品公司是国内L-赖氨酸重点生产企业,在2011年与中科院微生物所合作,承担宁夏回族自治区科技攻关计划项目“L-赖氨酸最适底盘工程菌的构建及发酵条件控制优化”并于2015年通过验收。该项目的实施促使我国L-赖氨酸发酵技术和工艺达到国际领先水平,L-赖氨酸菌种专利获得的授权和PCT专利的申请,打破了国际L-赖氨酸产品贸易技术保护壁垒,使宁夏伊品公司成为国内首个具有自主知识产权的L-赖氨酸生产技术的企业。宁夏伊品公司利用新构建的L-赖氨酸生产菌生产L-赖氨酸,生产成本降低了约20%。2018年宁夏伊品公司L-赖氨酸产能达到48万t。梅花集团是国内氨基酸综合品类最多、产能最大的生产企业之一,2018年该公司年产40万t L-赖氨酸项目及其配套项目一期在吉林白城生产基地投产试车,该项目投产后梅花集团L-赖氨酸整体产能可达70万t。2019年,我国作为L-赖氨酸生产第一大国,L-赖氨酸产量达170万t左右。

以L-赖氨酸为原料,通过发酵或静息细胞转化工艺,研究者已经实现了1,5-戊二胺、氨基戊酸及戊二酸等材料单体的全生物合成。其中L-赖氨酸在酶的催化作用下,通过脱羧反应可以合成1,5-戊二胺,是目前认为除生物基1,6-己二胺外的另一类可工业化的生物基二胺化合物。在工业上,1,5-戊二胺可以分别与己二酸、丁二酸和癸二酸等二元酸聚合形成新型材料PA56、PA54和PA510。

2012年,日本味之素株式会社与日本东丽株式会社合作开发了PA56,并成功实现了工业化生产。PA56性能与PA66相似,但是吸水率更高,可达14%。近年来，凯赛生物技术股份有限公司计划以 1,5-戊二胺为原料生产 PA56、PA510、PA5T。

另外，以 L-赖氨酸为原料，溶解于丁二醇，加热脱水，可制得 α-氨基己内酰胺，反应产率可达 96%[20]。α-氨基己内酰胺在-5℃的条件下，经过与 KOH 和羟胺磺酸反应脱氨，合成生物基己内酰胺。目前，由于脱氨条件比较苛刻，成本较高，无法实现工业化，但这种方法是非常有前途的生物基 PA6 的制备方法。

1.2.3　多糖路线

糖的价格低廉，供给充足，是生物基 PA 的重要原料来源，具有一定的立体结构性和功能性。因此，以糖为原料制备的 PA 单体，通常具有一定的立体构型和多官能特性。例如，异山梨醇为具有环状结构的手性分子，可以作为手性单元构筑具有特殊性能的聚合物。

糖的衍生物，包括 L-酒石酸、葡萄糖二酸、半乳糖二酸等同样可以作为 PA 合成的原料。醚化保护 L-酒石酸的两个羟基后，可与二胺聚合得到 $7\times10^3\sim$ 50×10^3 分子量的 PA。同样，用葡萄糖二酸、半乳糖二酸、D-甘露醇二酸与二胺缩聚，可以得到熔点不同、水溶性不同的 PA。

2,5-呋喃二甲酸是以糖为原料合成的一种具有较大应用潜力的生物基二元酸，由六元糖（如果糖、葡萄糖）经过脱水转化为 5-羟甲基糠醛，再经过氧化得到。2,5-呋喃二甲酸具有同对苯二甲酸类似的结构，可以和乙二醇、丙二醇、丁二醇聚合制备聚酯材料，用于纤维、薄膜、包装材料等。2,5-呋喃二甲酸除了用于制备聚酯，也可以和线形二胺、脂肪环二胺以及芳香族二胺反应，制备具有不同结构的生物基 PA。Hopff 等[22]用 2,5-呋喃二甲酸为原料制备 PA，采用不同催化剂、不同原料单体及不同的聚合条件，得到了分子量为 4300～7000、分解温度为 350～450℃的 PA。

丁二酸和己二酸是各种功能性化合物合成的重要化工原料。以糖为原料发酵可以生产得到生物基丁二酸和己二酸。之后，经过氰化和胺化可以得到 1,4-丁二胺和 1,6-己二胺。此外，荷兰 DSM 集团开发了生物基技术，以淀粉为原料，以基因改造的鸟氨酸脱羧酶为催化剂制备 1,4-丁二胺，得到了阶段性成果。荷兰 DSM 集团还以此为原料合成了 PA410 和半芳香族 PA4T。如果生物基 1,4-丁二胺及 1,6-己二胺形成产业链，就可以得到完全生物基的 PA46 等。美国 Rennovia 公司于 2013 年宣布可以生产 100%生物基 PA66，其独有的催化技术可生产生物基 1,6-己二胺。预计使用生物基原料生产的 1,6-己二胺成本比传统的石油基低 20%～25%，所排温室气体可减少 50%。生物基己二酸的生产过程与传统的石油基相比，所排温室气体可减少 85%。

1.3　生物基聚酰胺单体的研究现状

当前，用于 PA 合成的主要生物基单体有生物基二元酸和生物基二元胺，此外内酰胺、芳香族单体等也可用于合成生物基 PA。

1.3.1　生物基二元酸

1. 丁二酸

丁二酸，又名琥珀酸（succinic acid，SA），是一种天然存在的二羧酸，广泛应用于食品、医药、农业领域，丁二酸可作为平台化合物合成 1, 4-丁二醇、四氢呋喃、N-甲基吡咯烷酮，作为聚合单体合成可降解生物高分子材料聚丁二酸丁二醇酯（PBS）、生物基聚酰胺 PA54 等，具有广阔的应用前景[23, 24]。传统的丁二酸生产方法主要以化石资源为原料，通过化学合成的成本高，存在环境污染，严重阻碍了丁二酸的发展潜力。发展环境友好的绿色生物技术在石油资源日益枯竭的今天已经成为一种趋势。因此，丁二酸生产的微生物发酵法引起广泛的关注[26]。生物法制备丁二酸的过程中，CO_2 可以作为原料之一，被微生物吸收并利用，从而能够减少温室气体的排放。由此可见，开发高效的生物合成丁二酸的方法具有非常重要的社会和环境效益[27]。

目前国内外对生物基丁二酸的研究主要集中于以下几个方面。一是生物基丁二酸生产工艺的改进和优化，如性能优良丁二酸生产菌的分离与选育、以木质纤维素等低劣生物质为代表的发酵原料的改进与优化、发酵过程的控制与优化等；二是对生物合成丁二酸的代谢调控机制研究，如关键代谢调控节点的解析、关键酶的改造与优化、途径的重新设计与构建等。Reverdia 公司（由 DSM 与 Roquette 公司联合组建）开发了丁二酸的低 pH 酵母发酵技术，该技术的应用大幅减少了丁二酸生产过程中的酸碱用量，简化了产品精制工艺，为构建经济合理的丁二酸细胞工厂提供了良好的借鉴。除此之外，针对丁二酸的发酵条件的优化参数进行过很多研究，但还仅限于实验室阶段，工业生产中能否良好应用还需进一步确认[26]。

经过多年的研发，生物基丁二酸在技术上获得突破，早期存在的生物成本较高、性能不高导致的应用范围有限等不足已有明显改善，再加上其所具有的环保优势，这类产品的市场竞争力越来越强。目前，Reverdia Succinity GmbH（由 BASF 与 Purac 合资组建）、BioAmber 和 Myriant Technologies LLC 等公司已建立了用于生产生物基琥珀酸的生产装置。其中 Myriant 和 Reverdia 于 2012 年，分别实现了生物基丁二酸 500 t 和 10000 t 的产能。BioAmber 公司在 2010 年建成了世界上第一套商业化规模生物基丁二酸装置，随后与日本三井公司合作在加拿大和泰国建成产能达 3.4 万 t/a 和 6.5 万 t/a 的生物基丁二酸生产装置。

国内丁二酸的工业起步较晚，但我国对微生物发酵法制备丁二酸的研究从未间断过，主要研究单位包括中国科学院天津工业生物技术研究所、江南大学、山东大学、合肥工业大学、南京工业大学、烟台大学等。自 2013 年中石化扬子石油化工有限公司微生物发酵法制备丁二酸（1000 t/a）的中试装置建成以来，成功完成多次生产试验，产出高纯度丁二酸产品。作为国内首个生物法制取丁二酸试验装置，采用中石化扬子石油化工有限公司和南京工业大学共同开发的微生物发酵法合成丁二酸技术，有效吸收二氧化碳，具有绿色环保的特点。2013 年，山东兰典生物科技股份有限公司和中国科学院天津工业生物技术研究所签约"非粮原料生物炼制琥珀酸及生物基产品 PBS 产业化"项目。项目总设计规模：生物基丁二酸 50 万 t/a、生物基 PBS 可降解塑料 20 万 t/a，总投资 50 亿元，分三期建设。一期投资 10 亿元，建设规模：生物基丁二酸（生物基琥珀酸）12 万 t/a、生物基 PBS 产品 5 万 t/a。一期首条 6 万 t/a 生产线于 2017 年 9 月份竣工投产，生产的生物基丁二酸产品质量优良。

2. 己二酸

己二酸（adipic acid，AA）是一种重要的二元羧酸，作为化工原料和中间体，广泛用于生产尼龙、聚氨酯、聚酯泡沫合成树脂及其他聚合物。目前全球己二酸市场约为 400 万 t/a，且每年以 3%～3.5% 的速度增长。

己二酸的传统工业生产工艺为环己烷、环己酮硝酸氧化法，当前超过 90% 的己二酸是通过这种工艺制得的[28]，然而过程中 N_2O 的产生和排放会导致臭氧层受到破坏，形成酸雨污染环境。因此，替代传统石油基己二酸工艺，开发绿色清洁的生物法生产己二酸工艺是今后发展方向之一。

近年来，以木质纤维素、氨基酸、油脂等为原料，开发了两条生物合成生物基己二酸的途径：一是生物法合成衍生的前体，如黏康酸和 D-葡萄糖二酸，之后化学催化转化得到己二酸；二是使用微生物发酵直接转化植物油和糖。其中，黏康酸的生产目前主要基于两种生物质原料，葡萄糖和芳香族化合物，如苯甲酸或甲苯，生产菌种主要包括大肠杆菌、酿酒酵母及肺炎克雷伯菌等。D-葡萄糖二酸主要以葡萄糖为原料，由大肠杆菌和酿酒酵母合成。而直接发酵过程主要包括反己二酸降解途径、β-氧化或 ω-氧化途径、2-氧代庚二酸途径、聚酮途径、3-氧代己二酸途径及 2-氧代己二酸途径。为实现生物基己二酸的生物制造，目前国内外的研究主要集中于以下几个方面。一是黏康酸、葡萄糖二酸等前体化合物代谢途径的优化及发酵过程的调控；二是以低劣生物质为原料直接发酵生产己二酸的途径设计、构建及代谢机理解析，增强生物基己二酸产量等[29]。

　　从葡萄糖到己二酸前体物质是用生物法生产己二酸初步可行的道路，美国杜邦公司就是用这条途径获得了商品级生物基己二酸[29-32]。2009 年，荷兰帝斯曼公司开始生物基己二酸生产技术的研究，该技术是以与 BioAmber 公司合作商品化的生物基丁二酸为中间体合成己二酸。2010 年，美国 Rennovia 公司采用空气氧化工艺，经过葡萄糖—葡萄糖二酸—己二酸过程得到己二酸[31]。该公司同样采用这一工艺，以非粮食木质素为原料，建设了第一个商业化的生物基己二酸装置（13.5万 t/a）。美国 Verdezyne 公司在己二酸生物合成中做过诸多贡献。2012 年，分离得到一株以烷烃为碳源生成己二酸等中间产物的酵母菌株。采用大豆、椰子油或棕榈油生产中的副产品为原料，通过变性酶工艺以葡萄糖为底物发酵生产生物基己二酸，研究进入批量生产试验阶段，在美国加利福尼亚州建设了商业化试验装置[4]。随着合成生物学技术的发展，以各种微生物为底盘细胞，利用各种生物质资源合成己二酸的技术逐步被研发出来。在不久的将来，以生物法制备生物基己二酸的工艺将被广泛采用，推向市场。

3. 壬二酸

　　壬二酸又名杜鹃花酸（azelaic acid），是一种中等链长的有机二元酸，可用于生产 PA9 和 PA69，此外还可用于制造增塑剂、香料、润滑剂、黏合剂、缓蚀剂等，在皮肤病（如痤疮等）的治疗方面也有一定的应用[33]。近十年，壬二酸的价格较为稳定：工业级在 6～10 万元/t；电容级、医用级与化妆品级在 30 万元/t。随着壬二酸下游材料和医药行业的迅速发展，其需求量不断增加。

　　壬二酸的最主要生产方式是天然油脂中在第 9 位碳存在一个不饱和双键的不饱和脂肪酸，经过氧化裂解得到壬二酸。油酸、亚油酸、红油、蓖麻油等不饱和脂肪酸常作为原料用于制备壬二酸[29]，在工业上，以油酸为原料最为常见。工艺方面根据氧化剂的选择主要分为：臭氧氧化法、过氧化氢氧化法、高锰酸钾氧化法、分子氧化法、硝酸氧化法、次氯酸盐氧化法等。目前，油酸的臭氧氧化法依然是工业上生产壬二酸的首选工艺，也是我国唯一的工业化生产方法[33]。但现有方法所存在的对反应机理认识不深、产品纯度仍需提高、溶剂用量大、污染严重等问题，也促使以油酸为原料的氧化剂选择上的相关研究，如近几年研究较多的过氧化氢氧化制备壬二酸的工艺，具有生产成本低、产品收率高、反应选择性高等优点，但还未能实现工业生产。

　　采用微生物发酵法制备壬二酸仍处于实验研究中，早在 1960 年就有某些报道显示微生物具有将正构烷烃两端氧化得到相应的长链二元酸的能力。1992 年，S. H. EL-Sharkawy 等利用微生物发酵法将油酸氧化得到 10-氧代硬脂酸，再由其他化学方法进一步生成壬二酸[34]。大庆石油学院研究以诱变的热带假丝酵母发酵生产壬二酸。发酵法制备壬二酸也存在很多问题，如分离提纯难度大，发酵体系、菌株、生产过程不稳定，因此工艺还有待进一步开发研究。

4. 癸二酸

癸二酸又称皮脂酸（sebacic acid），是一种非常重要的化工原料，可用于合成生物基 PA410、PA1010、PA610 等，还可用于增塑剂、润滑油添加剂、表面活性剂、有机产品添加剂等的制备。

癸二酸目前工业上普遍的制备工艺采用蓖麻油为原料生产，有裂解法、合成法及水解法等。现有癸二酸合成路线产率较低，但具备一定的成本优势。日本旭化成工业公司尝试开发用己二酸电解氧化法制备癸二酸，但成本较高，无法大规模生产。近些年，研究者也在致力于改造微生物，开发发酵法制备癸二酸的新工艺。例如，Verdezyne 等通过工程改造菌株 *Candida tropicalis*，实现了以长链烷烃为底物生物合成癸二酸。

我国是蓖麻油生产大国，也是世界上最主要的癸二酸生产国家之一。1995 年，世界癸二酸年生产能力约为 5.4 万 t，我国年生产能力约占全球总生产能力的 55%。自 20 世纪 90 年代中期，中国是全球癸二酸产能主要增长来源，占全球总生产能力的 70% 以上，大部分用于出口。在 20 世纪 60 年代，我国一些企业开始将蓖麻油采用高温碱裂解的方法生产癸二酸。80 年代，天津中河化工厂首先试行了裂化、中和、脱色及酸化连续化生产。随后多家工厂也实现了连续化生产，如潍坊有机化工厂（现山东海化集团天合有机化工有限公司）、濮阳中原石油化工厂（现濮阳县中濮化工有限公司）、南宫市第一化工厂（现南宫市盛华化工有限责任公司）、衡水东风化工厂（现衡水东风化工有限公司）等。2000 年以后，国内癸二酸产品出口逐年递增，癸二酸国际市场需求旺盛，国内许多企业为此纷纷新建或扩建生产装置。

1.3.2　生物基二元胺

1. 1,4-丁二胺

1,4-丁二胺又名腐胺（1,4-butanediamine），天然产生于生物活体或尸体中蛋白质的氨基酸的分解，是一种生物胺。在生物体内，鸟氨酸脱羧酶将鸟氨酸脱羧降解得到少量的 1,4-丁二胺[29]。1,4-丁二胺可用于生产高性能材料和工程塑料，如 PA46、PA410 和 PA4T。

1,4-丁二胺传统的合成方法是由石油基的 1,4-二氯-2-丁烯或 1,4-二卤代丁烷或丁二腈为原料进行生产的化学合成法。而生物基 1,4-丁二胺的合成方法主要有两种，一种通过生物基丁二酸的化学转化得到，另一种是以糖类为底物，利用工程大肠杆菌发酵生产得到[35]。当前，利用生物法制备 1,4-丁二胺的技术仍被国外垄断，国内对 1,4-丁二胺的生物法制备还处于研发阶段。

2. 1,5-戊二胺

1,5-戊二胺（diaminopentane），或称 1,5-二氨基戊烷，是生物胺类的一种。又因为其首先发现于腐败的尸体中，因此又名尸胺（cadaverine）。1,5-戊二胺作为重要的化学中间体，在工业上可用于多种新型材料及高聚物的制备，如 PA5X 系列尼龙。同时，1,5-戊二胺在食品、医药等领域都有重要的应用价值。

1,5-戊二胺的合成方法主要分为化学法及生物法两大类型。其中，生物法又分为发酵法和生物转化法。化学法合成 1,5-戊二胺主要是以戊二腈为原料，在催化剂作用下首先转化为 5-氨基戊腈，进而转化为 1,5-戊二胺，反应通常在高压下进行。通过对催化剂的选择和改性，戊二腈的转化率可达到 100%，1,5-戊二胺选择率达到 66.8%[36]。化学法产量较高，但其反应条件剧烈、对设备要求较高、环境污染较大，且最终反应产物中有一定量的副产物六氢吡啶，并不适合大规模推广。生物法合成 1,5-戊二胺具有原料来源广、生产条件温和、环境友好等优势。在生物体中，1,5-戊二胺是经赖氨酸脱羧酶由 L-赖氨酸直接脱羧生成的。目前，对于 1,5-戊二胺的生物合成研究主要集中在利用微生物直接发酵生产或添加前体 L-赖氨酸通过静息细胞催化生产两个方面。

在微生物直接发酵生产方面，目前研究广泛的 L-赖氨酸生产菌种谷氨酸棒状杆菌（*C. glutamicum*）和大肠杆菌（*E. coli*）是主要的基因工程改造出发菌。以高产 L-赖氨酸的谷氨酸棒状杆菌为出发菌株，通过异源表达大肠杆菌赖氨酸脱羧酶及敲除 1,5-戊二胺分解代谢途径相关基因，目前已实现利用谷氨酸棒状杆菌发酵生产 1,5-戊二胺，浓度可达 103 g/L[37]，最高生产强度达到 2.2 g/(L·h)[38]。但以 L-赖氨酸高产 *E. coli* 为出发菌株构建的 1,5-戊二胺生产菌研究尚处于起始阶段。

微生物发酵法虽然取得了很多进展，然而其缺点也非常明显，例如，生产周期长，发酵液成分复杂不利于后续的产品分离纯化，且其产量依然相对较低，无法满足工业生产的需求。与其相比，静息细胞催化法很好地解决了上述问题，特别是在 1,5-戊二胺生产方面，由于其前体 L-赖氨酸的商业化生产已经完善，L-赖氨酸市场出现滞销和价格下滑的趋势，这为静息细胞催化法生产 1,5-戊二胺奠定了良好的市场基础。目前文献报道使用过表达赖氨酸脱羧酶的大肠杆菌静息细胞催化生产 1,5-戊二胺的产量可达到 11.5 g/(L·h)[39]，转化液中 1,5-戊二胺浓度可达 221 g/L[17]。除 *E. coli* 外，也有使用蜂房哈夫尼菌（*Hafnia alvei*）静息细胞催化生产 1,5-戊二胺的尝试，在补料维持 30 g/L L-赖氨酸的条件下转化 32 h 生产得到 1,5-戊二胺，浓度可达 60.5 g/L[40]。

1,5-戊二胺与 1,6-己二胺互为同系物，可代替 1,6-己二胺用来合成新型尼龙。

目前，1,5-戊二胺与来自微生物发酵合成的丁二酸、来自微生物转化合成的己二酸以及来自天然蓖麻油提取的癸二酸的聚合过程均已实现，分别用于合成完全生物基 PA54、PA56 和 PA510。

3. 1,6-己二胺

1,6-己二胺（1,6-diaminohexane；hexamethylenediamine），广泛应用于生产六亚甲基二异氰酸酯（HDI）、聚酰胺（PA66、PA610 和 PA6T）等。1,6-己二胺的生产工艺主要还是化学法，分为己二腈加氢工艺、丁二烯直接氰化法、己内酰胺法、己二醇法、己二酸法。其中己二腈加氢工艺是现在各国制备 1,6-己二胺的主流工艺。最新研究表明，生物基 1,6-己二胺可以来自碳水化合物的己二酸或以 1,6-己二醇为底物通过化学催化得到或发酵生产得到。

1,6-己二胺的生产主要集中在一些大型跨国公司，如美国的杜邦公司和英威达公司、法国罗地亚公司、德国的巴斯夫公司等。我国 1,6-己二胺生产厂家主要集中在中国神马集团有限责任公司和中国石油化工股份有限公司辽宁石油分公司。随着 1,6-己二胺应用领域的扩大，市场需求不断增加，各生产厂家不断扩大 1,6-己二胺生产规模，2016 年 10 月美国英威达公司位于上海的年产 21.5 万 t 1,6-己二胺的工厂成功投产，并计划在 2023 年前在中国建成世界级己二腈工厂，以增加 1,6-己二胺的产能。

1.4 生物基聚酰胺材料的发展趋势

在当今"低碳经济"的环境下，生物基聚酰胺材料具有十分广阔的发展前景。同石油基材料相比，生物基材料减少了二氧化碳的排放及对石油的依赖，同时生产过程更加绿色环保，符合社会的可持续发展需求。以生物质资源为原料生产材料单体，因其在节能减排、保护环境等方面的优势，也受到各国政府的充分认可和大力支持。

美国一直将生物基材料的研发作为其"生物质研究多年项目计划"和"生物基产品与生物能源"研发相关项目的重要内容，并在近年来通过农业部、能源部及国防部等多家政府机构联合开展项目资助与产业促进；欧盟在《持续增长的创新：欧洲生物经济》中，将生物经济作为实施欧洲 2020 战略、实现智慧发展和绿色发展的关键要素；德国在《国家生物经济政策战略》中提出，通过大力发展生物经济，实现经济社会转型，增加就业机会，提高德国在经济和科研领域的全球竞争力。我国在《"十三五"生物产业发展规划》中指出要以新生物工具创制与应用为核心，构建大宗化工产品、化工聚合材料、大宗发酵产品等生物制造核心技术体系，持续提升生物基产品的经济性和市场竞争力。建立有机酸、有机胺等基础化工产品的生物制造路线，取得对石油路线的竞争优势，实现规模化生物法生产与应用；推进化工聚合材料单体的生物制造和聚合改性技术等的发展与应用，推动包括生物基聚氨酯在内的产品的规模化生产和示范应用，实现生物基材料产业的链条式、集聚化、规模化发展[41]。

在政策支持和企业引领的带动下，经过多年的研究和发展，全球生物基材料，包括生物基聚酰胺材料的发展已经逐步进入大规模实际应用和产业化阶段。然而，要发展生物基聚酰胺材料产业仍然面临着诸多困难，其中原料来源及生产成本是限制其发展的主要障碍。就原料而言，虽然可再生的资源有很多，但并非都可以用于制备生物基聚酰胺，所以可再生的聚酰胺原料仍然有限。因此扩展生物基聚酰胺生产原料的研究目前在很多国家进行，如美国、日本等，主要的研究对象包括餐厨垃圾、旧纸张等废弃物；农作物非食用部分、林地残留物等未利用废弃物；油脂植物、糖类作物等资源作物；海洋植物、转基因植物等新类型作物。通过原料的开拓可以有效减少目前用于生物基聚酰胺生产的粮食作物等的使用量，更突出环境友好性。

生物基聚酰胺面临的另一个关键问题是技术成本。当前石油价格很大程度上限制了生物基聚酰胺材料的市场。目前生物基 PA11 和 PA610 的价格分别在 77～89 元/kg 和 34～37 元/kg，比石油基 PA6/PA66 的平均价格（17～19 元/kg）要高。短时间内生物基聚酰胺在生产工艺和成本方面无法与传统的石油基材料相匹敌。因此，在发展生物基聚酰胺产业的过程中，应着重加强技术研发，进一步降低成本，构建完善的产业体系，以增强生物基聚酰胺材料与石油基聚酰胺材料的竞争力。

综上所述，作为一项对社会有深远影响的新技术的开发，未来生物基聚酰胺的研究与技术开发需要从以下几个方面开展。①政策引导。在以政府提出生物经济强国为目标的政策导向下，生物基聚酰胺技术已经获得了多项政策支持，未来应继续加大政策支持力度，将为生物基聚酰胺的发展提供前所未有的长久发展机遇。②校企合作。行业内的龙头企业与高校和研究单位应在生物基聚酰胺技术的研发与推广方面充分合作，发挥企业资金优势和研究单位技术优势，共同开发和受益，以共同推进生物基聚酰胺产业的进一步发展。③立足科技创新。我国拥有全球最大的聚酰胺行业生产规模和产量，但研发投资能力的不足严重制约了先进生产技术的研发与应用，尚未形成系统的生物基聚酰胺技术创新体系，存在能耗高、产率低等问题，亟须加速整个行业的转型和升级。因此，生物基聚酰胺的核心技术创新、产品结构调整、产业链延伸尤为重要。我国聚酰胺相关企业应立足科技创新，促进我国聚酰胺行业的持续稳步发展[4]。

参 考 文 献

[1]　黄正强，崔喆，张鹤鸣，等. 生物基聚酰胺研究进展. 生物工程学报，2016，（6）：761-774.

[2]　何建辉，宋新，冯美平，等. 世界聚酰胺纤维产业链现状及发展趋势. 合成纤维工业，2013，36（3）：38-45.

[3]　李凤娇，周阳，黄启谷，等. 聚酰胺的制备方法和改性. 塑料，2014，43（4）：72-78.

[4]　董建勋，屈建海，冯晓燕，等. 世界生物基聚酰胺发展现状及展望. 合成纤维工业，2015，38（5）：51-56.

[5]　福本修. 聚酰胺树脂手册. 施祖培，杨维榕，唐立春，译. 北京：中国石化出版社，1994.

[6]　刘迪，李德和. 生物基聚酰胺的研究与开发现状. 纺织导报，2015，11：64-66.

[7]　彭治汉，施祖培. 塑料工业手册：聚酰胺. 北京：化学工业出版社，2001.

[8]　戴军，尹乃安. 生物基聚酰胺的制备及性能. 塑料科技，2011，39（5）：72-75.

[9]　Carothers W H，Graves G D. Preparation of polyamides：US2163584 A. 1939-06-27.

[10]　沈劲锋. 我国聚酰胺产业链发展现状及展望. 合成纤维工业，2014，37（3）：48-52.

[11]　Rulkens R，Crombach R C B. Copolyamide based ontetramethyleneterephthalamide and hexamethylene tereph-thalamide：US6747120. 2004-06-08.

[12]　饶兴鹤. 日本味之素与东丽将合作开发生物基尼龙材料. 合成纤维，2012，41（4）：33.

[13]　芦长椿. 生物基聚酰胺及其纤维的最新技术进展. 纺织导报，2014，33（5）：64-68.

[14]　季栋，方正，欧阳平凯，等. 生物基聚酰胺研究进展. 生物加工过程，2013，11（2）：73-79.

[15]　李小伟，种风双. 耐高温尼龙的研究进展. 化工新型材料，2009，37（8）：38-40.

[16]　Ma W C，Cao W J，Zhang B W，et al. Engineering a pyridoxal 5′-phosphate supply for cadaverine production by using *Escherichia coli* whole-cell biocatalysis. Sci Rep-UK，2015，5：15630.

[17]　Ma W C，Cao W J，Zhang H，et al. Enhanced cadaverine production from L-lysine using recombinant *Escherichia coli* co-overexpressing CadA and CadB. Biotechnol Lett. 2015，37（4）：799-806.

[18]　Wang J，Mao J W，Tian W L，et al. Coproduction of succinic acid and cadaverine using lysine as neutralizer and CO_2 donor with L-lysine decarboxylase overexpressed *E. coli* AFP111. Green Chem，2018，20（12）：2880-2887.

[19]　赵黎明，刘旭勤，纪念，等. 一种生物基尼龙聚丁内酰胺的制备方法：101974151A. 2011-02-16.

[20]　张龙贵，计文希，李娟. 生物基聚酰胺制备及应用研究进展. 合成树脂及塑料，2017，34（2）：82-91/97.

[21]　Pardal F，Salhi S，Rousseau B，et al. Unsaturated polyamides form bio-based Z-octadec-9-enedioic acid. Chem Phys，2008，209（1）：64-74.

[22]　Hopff V H，Krieger A. Über polyamide aus heterocyclischen dicarbonsäuren. Die Makromol Chem，1961，47：93；113.

[23]　Song H，Lee S Y. Production of succinic acid by bacterial fermentation. Enzyme Microb Tech，2006，39（3）：352-361.

[24]　Zeikus J G，Jain M K，Elankovan P. Biotechnology of succinic acid production and markets for derived industrial products. Appl Microbiol Biot，1999，51（5）：545-552.

[25]　臧运芳. 我国丁二酸行业的现状与发展趋势. 化工管理，2019，30：16-17.

[26]　Lee P C，Lee W G，Lee S Y，et al. Fermentative production of succinic acid from glucose and corn steep liquor by *Anaerobio spirillum succinic ipro ducens*. Biotechnol Bioproc E，2000，5：379-381.

[27]　刘嵘明，梁丽亚，吴明科，等. 微生物发酵生产丁二酸研究进展. 生物工程学报，2013，29（10）：1386-1397.

[28]　Vyver S V D，Roman-Leshkov Y. Emerging catalytic processes for the production of adipic acid. Cataly Sci Technol，2013，3（6）：1465-1479.

[29]　李秀峥，李澜鹏，曹长海，等. 聚酰胺及其单体研究进展. 工程塑料应用，2018，46（7）：138-145.

[30]　Boussie T R，Dias E L，Fresco Z M，et al. Production of adipic acid and dericatives from carbotydrate-containing materials：US8669397B2. 2010-06-11.

[31]　Boussie T R，Dias E L，Fresco Z M，et al. Production of adipic acid and derivatives from carbohydrate-containing materials：US2014/0024858 A1. 2013-07-01.

[32]　Boussie T R，Dias E L，Fresco Z M，et al. Production of glutaric acid and derivatives from carbohydrate-containing materials：US9174911. 2014-05-30.

[33]　Cheng Q，Sanglard D，Vanhanen S，et al. Candida yeast long chain fatty alcohol oxidase is a c-type haemoprotein and plays an important role in long chain fatty acid metabolism. Biochim Biophys Acta，2005，1735（3）：192-203.

[34]　EL-Sharkawy S H，Yang W，Dostal L，et al. Rosazz，microbial oxidation of oleic acid. Appl Environ Microb，1992，58（7）：2116-2122.

[35]　卡特林·艾浦勒玛恩，彼得吕斯·马蒂纳斯·马特乌斯·诺斯恩，苏珊娜·玛利亚·克里玛，等. 1,4-丁二胺的生物化学合成：200580023807.6. 2005-07-11.

[36]　李崇，陈立宇，雷涛. 非晶态镍催化剂上戊二腈催化加氢制备戊二胺.石油化工，2010，39（5）：524-527.

[37]　Buschke N，Becker J，Schäfer R，et al. Systems metabolic engineering of xylose-utilizing *Corynebacterium glutamicum* for production of 1, 5-diaminopentane. Biotechnol J，2013，8（5）：557-570.

[38]　Kind S，Neubauer S，Becker J，et al. From zero to hero-production of bio-based nylon from renewable resources using engineered *Corynebacterium glutamicum*. Metab Eng，2014，25：113-123.

[39]　Nishi K，Endo S，Mori Y，et al. Method for producing cadaverine dicarboxylate and its use for the production of nylon：EP1482055（B1）. 2004-05-05.

[40]　乔长晟，彭巧，林青，等. 一种固定化蜂房哈夫尼菌生产尸胺的方法：201310755027.7. 2013-12-28.

[41]　中华人民共和国国家发展和改革委员会. "十三五"生物产业发展规划，http://www.gov.cn/xinwen/ 2017-01/ 12/content_5159179.htm.

第2章 生物基二元酸的制备

2.1 生物基二元酸概述

直链二元酸指含有 2 个羧基（—COOH）的直链脂肪酸，如丁二酸、己二酸、壬二酸、长链二元酸等。直链二元酸作为单体原料与二元胺聚合，可以合成几十种高价值双号码聚酰胺，又称尼龙，简称 PA。双号码聚酰胺有许多独特优点，如尺寸稳定性好、电性能良好、相对密度小、抗疲劳、吸水率低、耐腐蚀、耐磨损和耐低温等，在化工、船舶、航空、航天、电器和信息等领域，具有广阔的应用前景[1, 2]。除了合成双号码聚酰胺，直链二元酸在其他领域也有着非常广泛的应用，如合成油漆、麝香香料、润滑油、高温电解质和医药中间体等。

以脂肪直链二元酸为原材料，每年全世界生产出来的各种产品，总价值超过 420 亿美元。目前，直链二元酸的合成方法主要是化学合成法，但该方法存在污染严重、产率较低和分离纯化复杂等问题，并伴随着石油资源的日渐枯竭，大大限制了化学合成法的发展应用。相对于化学合成方法，生物法合成直链二元酸具有原料来源丰富、条件温和、工艺简单、规模大、成本低、环境污染少等优势，因此极具市场竞争力，是未来直链二元酸的基础研究和产业化的重要方向。

2.2 生物基丁二酸

2.2.1 丁二酸简介

丁二酸是一种天然有机酸，比较常见，分子结构式为 HOOC(CH$_2$)$_2$COOH，因 1550 年首次从琥珀中蒸馏获得，所以又称为琥珀酸（succinic acid，SA）。在食品、日化、生物工程、医药等行业，丁二酸有着很多的应用[3]。同时，美国能源部认为丁二酸是最具发展前景的、未来 12 种大宗生物炼制产品之一，作为"C$_4$平台化合物"取代众多的基于苯和其他石化中间产物的商品，用于合成聚丁二酸丁二醇酯［poly（butylenes succinate），PBS］和聚酰胺等新型生物基材料，具有广阔应用前景。

丁二酸的全球年市场需求量预计可达到 300 万 t，相当于 90 亿美元的需求市场，其中国内需求 40 万 t，但是目前全球产量不足 100 万 t，国内产量不足 10 万 t。

迅猛增长的市场需求和石油资源的日益枯竭，鼓励人们积极探寻生物基丁二酸的生产方法。传统生产丁二酸的方法是利用丁烷经顺丁烯二酸酐生产，但由于生产工艺对环境造成污染和成本不断提高等原因，严重限制了其化学合成。利用微生物发酵法生产丁二酸，具有很多优势，如成本低、污染小、条件温和等，且发酵反应过程中产生的 CO_2 可作为碳源被吸收利用成为丁二酸合成的原料，还可以减缓温室效应。因此，开发一种高效环保的生物法生产丁二酸具有非常重要的经济和环境效益。

2.2.2 丁二酸生产菌株及代谢途径强化

多种微生物都可以产生丁二酸，真菌类主要包括黑曲霉（*Aspergillus niger*）、烟曲霉（*Aspergillus fumigates*）、雪白丝衣霉（*Byssochlamys nivea*）、热带假丝酵母（*Candida tropicalis*）、宛氏拟青霉（*Paecilomyces varioti*）、葡萄酒青霉（*Penicillium viniferum*）、库德毕赤酵母（*Pichia kudriavzevii*）、耶氏解脂酵母（*Yarrowia lipolytica*）和酿酒酵母（*Saccharomyces cerevisiae*）等，这些微生物可以在有氧或无氧条件下代谢形成副产物丁二酸[4]。细菌类微生物主要包括谷氨酸棒状杆菌（*Corynebacterium glutamicum*）、粪肠球菌（*Enterococcus faecalis*）、产琥珀酸放线杆菌（*Actinobacillus succinogenes*）、曼海姆产琥珀酸菌（*Mannheimia succiniciproducens*）、产琥珀酸厌氧螺菌（*Anaerobiospirillum succiniciproducens*）、大肠杆菌（*Escherichia coli*）和巴斯夫产琥珀酸菌（*Basfia succiniciproducens*）。其中，谷氨酸棒状杆菌和粪肠球菌属于革兰氏阳性菌；产琥珀酸放线杆菌、曼海姆产琥珀酸菌、产琥珀酸厌氧螺菌、大肠杆菌和巴斯夫产琥珀酸菌属于厌氧的革兰氏阴性菌。目前，生产丁二酸的主力菌种是产琥珀酸放线杆菌、曼海姆产琥珀酸菌、重组大肠杆菌、谷氨酸棒状杆菌和耶氏解脂酵母等。

1. 产琥珀酸放线杆菌

产琥珀酸放线杆菌由 Guettler 等最早分离于牛瘤胃中，依据 16 S DNA 序列被归类为巴斯德式菌科（Pasteurellaceae）。产琥珀酸放线杆菌是兼性厌氧、非运动、多形性、革兰氏阴性杆菌或丝状菌，耐高糖、高盐及耐高渗透压，并且能够利用大多的碳源为基础原料生产丁二酸，如葡萄糖等单糖，阿拉伯糖、蔗糖、果糖、半乳糖等二糖以及甘露醇、山梨糖醇等。产琥珀酸放线杆菌 130Z ATCC 55618 的突变株 FZ53 在 78 h 内可消耗 133 g/L 的葡萄糖生成 105.8 g/L 丁二酸，该菌是目前最优的生产丁二酸的菌株之一[5]。

产琥珀酸放线杆菌代谢途径显示生产丁二酸的五种关键酶，分别是苹果酸脱氢酶（malate dehydrogenase，MDH）、PEP 羧激酶（PEP carboxykinase，PCK）、富马酸酶（fumarase，FUM）、苹果酸酶（malic enzyme，MAE）和富马酸还原酶（fumaric reductase，FRD）。此外，丙酮酸激酶（pyruvate kinase，PYK）、丙酮酸-铁氧还蛋白氧化还原酶（pyruvate-ferredoxin oxidoreductase，PFO）、乙酸激酶（acetate kinase，ACK）、醇脱氢酶（alcohol dehydrogenase，ADH）、乳酸脱氢酶（lactate dehydrogenase，LDH）和丙酮酸甲酸裂解酶（pyruvate formatelyase，PFL）等，也影响代谢途径中丁二酸通量[6]，如图 2.1 所示。

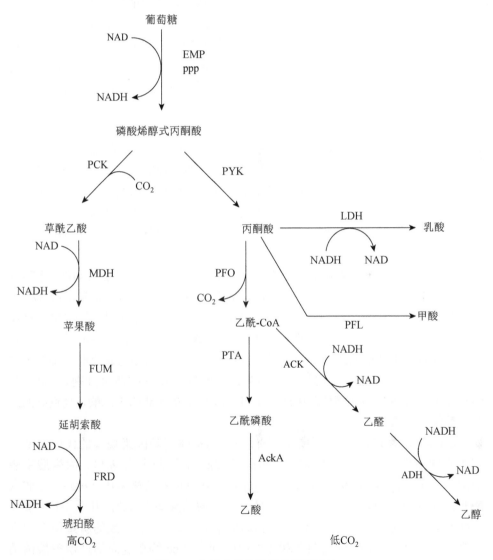

图 2.1　产琥珀酸放线杆菌代谢途径

基因组重排（genome shuffling）技术作为分子定向进化在全基因组水平上的延伸，将基因重组的对象从单个基因扩展到整个基因组，能在更广泛的范围内对目的菌种的性状进行优化组合的一种菌种改造技术，在丁二酸生产菌的菌种改进方面也取得了突出的成果。Zheng 等以产琥珀酸放线杆菌 CGMCC1593 为出发菌菌开展了基因组重排，提高了丁二酸产量。首先，从 A. succinogenes CGMCC1593 中筛选出 11 株优良的丁二酸生产菌，用于原生质体融合，在经过 3 轮基因组重排后，得到目标菌株 F3-Ⅱ-3-F，该菌株在 48 h 补料式发酵中消耗 130.8 g/L 葡萄糖，丁二酸产量达 95.6 g/L，生产强度为 1.99 g/(L·h)，相对于出发菌株，其丁二酸产量提高了 73%[7]。Hu 等采用 3 轮基因组重排获得了耐酸的产琥珀酸放线杆菌 AS-F32，其最低耐受 pH 为 3.5。在 pH 4.8 的条件下，经补料分批发酵 44 h，可产生 31.2 g/L 的丁二酸，相对于出发菌株其耐酸性和产丁二酸的能力显著增强[8]。

2. 曼海姆产琥珀酸菌

曼海姆产琥珀酸菌也是从牛瘤胃中分离出的一种产丁二酸的细菌，属于兼性、嗜温、非运动、嗜酸性革兰氏阴性菌。曼海姆产琥珀酸菌在有氧或者厌氧条件下均可以利用多种碳源产生丁二酸。木糖是一种未经处理的林业或农业废弃物水解产物，曼海姆产琥珀酸菌可以有效地利用木糖作为碳源，从而降低原料成本。作为嗜 CO_2 菌，在厌氧条件下，曼海姆产琥珀酸菌可消耗 20 g/L 的葡萄糖生成 13.5 g/L 的丁二酸[9, 10]。

曼海姆产琥珀酸菌完整的基因组序列表明，其染色体具有 2 314 078 个碱基对，是单个环状染色体，并且没有质粒。基于生物信息学分析，构建了由 373 个反应和 352 个代谢物组成的计算机代谢网络[11]。图 2.2 展示了其与丁二酸生产相关的代谢途径。在存在 CO_2 条件下，还原性 TCA 的循环通量和 PEP 的羧化通量都增加显著，由此证明此菌是一种嗜酸性细菌。当外部还原力是氢时，葡萄糖生产丁二酸的产率能进一步增加。据预测，曼海姆产琥珀酸菌可分别在 CO_2 和 CO_2-H_2 环境下从 1 mol 葡萄糖中产生 1.71 mol 和 1.86 mol 的丁二酸，是良好的产丁二酸候选菌株[12]。

Lee 等通过 373 个反应和 352 个代谢产物构建了基因组规模的代谢模型，解析不同条件下的代谢流分布，并敲除乳酸脱氢酶基因（ldhA）、丙酮酸甲酸裂解酶基因（pyruvate formate-lyase，pflB）、磷酸转乙酰酶基因（pta）、乙酸激酶基因（ackA），获得一株高产菌株曼海姆产琥珀酸菌 LPK7，几乎不产甲酸、乙酸和乳酸，分批培养丁二酸产量可以达到 52.4 g/L，丁二酸的质量得率和生产强度分别达到 0.76 g/g 葡萄糖和 1.8 g/(L·h)[13]。Lee 等在曼海姆产琥珀酸菌基础上，通过敲除 ldhA 和 pta-ackA 基因，构建了工程菌株 PALK，补料分批发酵显

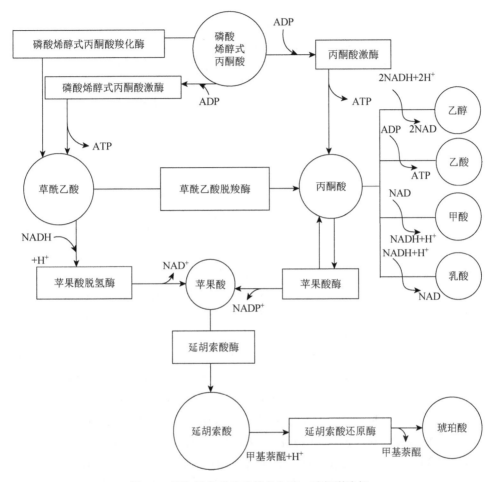

图 2.2　曼海姆产琥珀酸菌产生丁二酸代谢路径

示丁二酸的产量为 45.8 g/L，丁二酸的质量得率和生产强度分别达到 0.87 g/g 葡萄糖和 2.36 g/(L·h)[14]。Choi 等以 *M. succiniciproducens* MBEL55E 为出发菌株，也敲除了 *ldhA* 和 *pta-ackA* 基因，构建了工程菌株 PALK，补料分批发酵显示丁二酸的产量为 66.14 g/L，丁二酸的质量得率和生产强度分别达到 0.88 g/g 葡萄糖和 3.39 g/(L·h)，进一步通过 pH 控制策略，丁二酸的产量达到 90.68 g/L，丁二酸的质量得率和生产强度分别为 0.75 g/g 葡萄糖和 3.49 g/(L·h)[15]。Ahn 等以 *M. succiniciproducens* LPK7 为出发菌株，通过表达来源于甲基营养菌（*methylobacterium extorquens*）的甲酸脱氢酶（formate dehydrogenase）基因 *fdh2* 增强代谢副产物甲酸的利用效率，提高了菌株的丁二酸生成能力，能产生 76.11 g/L 的丁二酸，其质量得率和生产强度分别达到 0.84 g/g 葡萄糖和 4.08 g/(L·h)[16]。为了降低丁二酸对细胞膜的损伤，通过膜工程策略增强细胞膜的耐受性，Ahn 等以 *M. succiniciproducens* PALK 为出发菌株，通过表达来源于绿脓假单胞菌（*Pseudomonas aeruginosa*）的顺反异构酶（*cis-trans isomerase*）基因，增强细胞膜中反式不饱和脂肪酸的比例而强化细胞膜，丁二酸的产量达到 84.21 g/L，质量得率和生产强度分别为 0.83 g/g 葡萄糖和 3.20 g/(L·h)[17]。Ahn 等将谷氨酸棒状杆菌中的苹果酸脱氢酶引入 *M. succiniciproducens* 代谢工程菌中，增强了丁二酸的生产能力；使用改造后的菌株发酵，产酸最高可达 134.25 g/L，最高产酸率可达 21.3 g/(L·h)[18]。

3. 重组大肠杆菌

大肠杆菌是目前研究最透彻的模式菌株，广泛应用于多种化工产品的生产过程。野生型大肠杆菌在充足氧气条件下进行发酵，丁二酸仅是一种中间产物，不会积累；但在厌氧条件下，大肠杆菌发酵是一种会产生混合酸的发酵过程，且主要发酵产物为乙醇、乙酸、甲酸，丁二酸产量很少，仅占 7.8%，且丁二酸产量不超过 0.2 mol/mol 葡萄糖。虽然野生型大肠杆菌的丁二酸产量比较低，但对其分子和基因组的基础研究比较深入，容易采用多种分子生物学手段对菌种进行改造。所以利用大肠杆菌发酵生产丁二酸已经成为一个热点[19]。图 2.3 是野生型大肠杆菌生产丁二酸的代谢途径。

为了增强大肠杆菌的丁二酸产量，多种技术手段和分子策略用于改造大肠杆菌。Goldberg 等过量表达了丁二酸形成的支路中的磷酸烯醇式丙酮酸羧化酶（phosphoenolpyruvate carboxylase）基因 *ppc*，使其工程菌发酵产丁二酸对葡萄糖的质量得率从 0.08 g/g 提高到 0.22 g/g[19]。Gokarn 等在野生 *E. coli* 中导入来源于根瘤菌中的丙酮酸羧化酶基因（*pyc*），使其对葡萄糖的质量得率以及生产强度分别达到 0.11 g/g 和 0.17 g/(L·h)[20]。姜岷等利用过量表达苹果酸脱氢酶基因（*mdh*）构建 *E. coli* 重组菌株 NZN111/pTrc99a-mdh，在缺氧条件下发酵生产 48 h，能够消耗葡萄糖 13.5 g/L 并且生成丁二酸，产量为 4.3 g/L，同时辅酶 NADH/NAD$^+$ 的比例也从 0.64 下降到 0.26，并使得重组菌株缺氧条件下不能代谢葡萄糖的能力得以恢复[21]。在大肠杆菌缺氧并且是在混合酸发酵过程中，磷酸烯醇式丙酮酸羧化激酶（phosphoenolpyruvate carboxykinase，PCK）和磷酸烯醇式丙酮酸羧化酶（PPC）都可以催化从磷酸烯醇式丙酮酸（phosphoenol pyruvate，PEP）到草酰乙酸（oxaloacetic acid，OAA）的过程反应[22]。由于 PCK 催化的反应伴随着 ATP 的产生，姜岷等通过在 *ppc* 缺陷菌株中过量表达来自枯草芽孢杆菌（*Bacillus subtilis*）168 中的磷酸烯醇式丙酮酸羧化激酶基因（*pck*），使 ATP 的供给得到提高，使其能够在缺氧条件下利用木糖代谢生长并合成丁二酸[23]。Zhang 等通过改造 *pck* 启动子，加强它在重组大肠杆菌中的表达，提高其生产丁二酸的能力，并以此，同时利用 PCK 和 PPC 发挥各自特点，进一步提高了重组大肠杆菌合成丁二酸能力[24]。

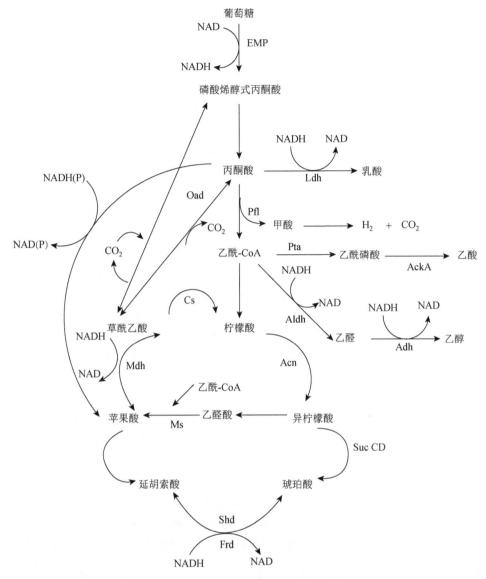

图 2.3 野生型大肠杆菌生产丁二酸代谢途径

为了降低丁二酸合成过程中副产物的积累，Chatterjee 等以 *E. coli* W1485 为出发菌株通过敲除 *ldhA* 和 *pflB* 获得双敲除菌株 NZN111，之后通过自发突变糖磷酸转移酶系统（phosphotransferase system）基因 *ptsG*，获得生产丁二酸的高产菌株 AFP111，丁二酸产量为 36 g/L，质量得率为 0.67 g/g 葡萄糖，乙酸产量比较低，并且无甲酸和乳酸的积累[25]。Andersson 等以 *E. coli* C600（ATCC23724）为出发菌株，通过敲除 *ptsG*、*ldh* 和 *pfl* 基因，获得菌株 AFP184，其对五碳和六碳糖可以同时利用，丁二酸产量最高可达 48 g/L，质量得率为 1.04 g/g[26]。Jantama 等利用 E.coli ATCC8739 作为初始菌株，采用两次同源重组的方法失活 ackA、甲酸转运子-丙酮酸甲酸裂解酶（formate transporter-pyruvate formate-lyase）基因 focA-pflB、ldhA、乙醇脱氢酶基因（adhE）、丙酮酸氧化酶（pyruvate oxidase）基因 poxB 和甲基乙二醛合成酶（methylglyoxal synthetase）基因 mgsA 得到菌株 KJ073，然后通过进化代谢提高丁二酸生产和细胞生长，最终丁二酸产量达到 80 g/L，丁二酸质量得率为 0.79 g/g，生产强度为 0.82 g/(L·h)，进一步失活苏氨酸脱羧酶和柠檬酸裂解酶基因（citF）、天冬氨酸转氨酶基因（aspC）、2-丁酮酸甲酸裂解酶基因（tdcD，tdcE）和苹果酸酶基因（sfcA）等，丁二酸产量达到 83 g/L，丁二酸得率提高到 0.92 g/g，生产强度提高到 0.88 g/(L·h)[27, 28]。Sánchez 等通过敲除乳酸脱氢酶基因（ldh）、乙酸磷酸转移酶基因、乙醇脱氢酶基因（adhE）和乙酸激酶基因（pta-ack），并敲除 aceBAK 操纵子上阻遏物的基因（iclR）以激活乙醛酸途径，获得丁二酸生产菌株 E. coli SBS550MG，丁二酸的质量得率和生产强度分别为 1.1 g/g 和 10 mmol/(L·h)[29]。Lin 等利用有氧条件发酵的方式生产丁二酸，重组大肠杆菌敲除了丙酮酸氧化酶基因（pox B）、乙酸磷酸转移酶基因、丁二酸脱氢酶（succinic dehydrogenase）基因 sdh、aceBAK 操纵子阻遏物基因（iclR）、乙酸激酶基因（pta-ack）及编码磷酸转移酶系统基因（ptsG），构建出了包含 TCA 循环氧化支路的丁二酸合成途径和乙醛酸途径，好氧条件下，分批发酵表明，该菌株在 59 h 后丁二酸浓度为 58.3 g/L，丁二酸的质量得率为 0.56 g/g[30, 31]。Balzer 等以 E.coli SBS550MG 为出发菌株，通过敲除 adhE、ldhA、pta-ackA 和 iclR 基因，在无氧发酵下可以合成 40 g/L 的丁二酸，之后共表达来源于乳酸链球菌（Lactococcus lactis）的 pyc 基因和甲基营养酵母（Candida boidinii）的 fdh1 基因，使得可利用的 NADH 增加并增加了 6% 的丁二酸产量[32]。Zhu 等通过构建随机突变文库构建了突变菌株 E. coli Tang1541，降解物抑制/激活蛋白（catabolite repressor/activator）基因 cra 发生突变，强化了磷酸烯醇丙酮酸羧化和乙醛酸途径，增强了丁二酸产量，丁二酸产量达到 79.8 g/L，丁二酸的质量得率和生产强度分别为 0.79 g/g 葡萄糖和 0.99 g/(L·h)[33]。

丁二酸是一种厌氧发酵的还原性终端产物，其合成效率的重要因素是系统还原力的强弱，而 NAD（H）总量与 NADH/NAD$^+$ 的比值是调节还原力的分子基础，因此生产菌株 NAD（H）的系统调控与改造对实现丁二酸高效合成具有极其重要的价值[34]。

大肠杆菌中 NAD（H）的生物合成及分解途径如图 2.4 所示，涉及分解途径的基因主要有 2 个（yjaD、yrfE），涉及 NAD（H）合成的基因主要有 3 个（烟酸转磷酸核糖酶激酶基因 pncB、nadD、nadE），而 NADH 和 NAD$^+$ 之间的转化反应

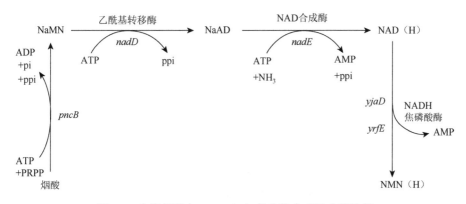

图 2.4　大肠杆菌中 NAD（H）的生物合成及分解途径

则达 300 多个，NAD（H）生物合成途径中的关键酶即 *pncB* 基因编码的烟酸转磷酸核糖激酶（nicotinic acid phosphoribosyl transferase）。研究表明，想要提高 NAD（H）总量，有效手段即为利用 DNA 重组技术改造 NAD（H）生物合成途径。对于细胞的成长，NAD$^+$ 的量需要充足并进行葡萄糖的氧化，大肠杆菌 NZN111 因为失活了乳酸脱氢酶和丙酮酸甲酸裂解酶，导致 NADH 不能及时再生为 NAD$^+$，引起辅酶 NAD（H）的不平衡，最后导致缺氧条件下该菌株对葡萄糖不能利用。姜岷等构建了重组 *E. coli* NZN111/pTrc99a-pncB，过量表达烟酸转磷酸核糖激酶，使得菌体内 NAD（H）的总量提高，使菌株在厌氧条件下利用葡萄糖来代谢生长，对于干重来说，重组菌细胞是对照菌的 6.5 倍，NADH/NAD$^+$ 的比例由 0.64 降到 0.13，同时较出发菌，丁二酸的产量有了显著提高[35]。为了丙酮酸的积累能够减少，过量表达来源于乳酸乳球菌乳脂亚种（*Lactococcus lactis* subsp.*cremoris*）NZ9000 的丙酮酸羧化酶基因，增加还原性 TCA 的碳流通量，进一步增加了丁二酸的产量。厌氧条件下，摇瓶培养 48 h 后，*E. coli* BA016（*E. coli* BA002/pTrc-pncB-pyc）能消耗 17.5 g/L 的葡萄糖产生浓度为 14.1 g/L 的丁二酸，同时很少有丙酮酸的积累，NADH/NAD$^+$ 比例从 0.60 降为 0.04，3 L 发酵罐结果表明，发酵 112 h，OD$_{600}$ 达到 4.64，耗糖量为 35.0 g/L，丁二酸质量得率为 0.71 g/g，葡萄糖的消耗速率为 0.42 g/(L·h)，丁二酸的生产强度为 0.28 g/(L·h)[36]。

4. 谷氨酸棒状杆菌

谷氨酸棒状杆菌是一种革兰氏阳性菌，它生长快速且好氧，因为其基因操作手段比较成熟且遗传背景较清晰，所以谷氨酸棒状杆菌已被广泛应用于化学品工业化生产中，如氨基酸等。Dominguez 等在 1993 年首次发现在缺氧条件下，谷氨酸棒状杆菌能用浓度为 100 g/L 的葡萄糖发酵生产产量为 15.7 g/L 的乳酸和产量为 2.3 g/L 的丁二酸[37]。在氧气不足条件下，利用谷氨酸棒状杆菌生产有机酸具有一些优势，葡萄糖不用于合成生物量，而主要转化为丁二酸、乳酸及少量乙酸，同时碳酸氢盐加入培养基中，可以提高有机酸生成速率以及葡萄糖消耗速率，随着碳酸氢盐浓度升高，丁二酸产率升高，乳酸产率降低，且在厌氧条件下可一直发酵 360 h 以上[38]。因此，谷氨酸棒状杆菌已成为丁二酸的重要生产菌株。

基因组测序分析和计算机模拟的代谢流分析是增强丁二酸发酵的主流策略[39-41]。敲除竞争性代谢途径和强化丁二酸合成途径中关键酶可提高丁二酸的产量和得率，Okino 等通过敲除谷氨酸棒状杆菌中 ldhA 的同时并高效表达来源于根瘤菌（Rhizobia）的丙酮酸羧化酶基因，丁二酸产量达到 146 g/L，乙酸产量为16 g/L，丁二酸的质量得率和生产强度分别达到 0.92 g/g 葡萄糖和 3.2 g/(L·h)[42]。Litsanov 等通过敲除谷氨酸棒状杆菌的磷酸反式乙酰化酶（phosphotransacetylase）基因 pta，乙酰激酶基因 ackA，丙酮酸：甲基萘醌类氧化酶（pyruvate：menaquinone oxidoreductase）基因 pqo，乙酰辅酶 A：辅酶 A 转移酶（acetyl CoA：CoA transferase）基因 cat 和乳酸脱氢酶基因 ldhA 并在染色体上整合丙酮酸羧化酶（pyruvate carboxylase）基因 pc 增加羧化通量和来源于牝牛分枝杆菌（Mycobacterium vaccae）的耦合 NAD^+ 的甲酸脱氢酶（formate dehydrogenase）基因 fdh 提供额外还原力和过表达 3-磷酸甘油醛脱氢酶（glyceraldehyde 3-phosphate dehydrogenase）基因 gap 的 BOL3/pAN6-gap 菌株增强丁二酸的产量，最终产生了 134 g/L 的丁二酸，质量得率和生产强度分别达到 1.10 g/g 葡萄糖和 2.53 g/(L·h)。增强谷氨酸棒状杆菌的NADH 供给和降低 H^+-ATPase 活性能增强丁二酸产量。Xu 等以低 H^+-ATPase 活性的突变菌株 C. glutamicum NC-3-1 为出发菌株，构建了增强 NADH 供给的工程菌株，其丁二酸的产量达到 113 g/L，质量得率和生产强度分别达到 0.94 g/g 葡萄糖和 2.35 g/(L·h)[43]。

5. 其他菌种

除了以上几种常用的发酵菌种外，耶氏解脂酵母、酿酒酵母、库德毕赤酵母、产琥珀酸厌氧螺菌和巴斯夫产琥珀酸等也用于丁二酸的研究和发酵生产。

耶氏解脂酵母是一种非传统的、严格有氧的酵母，生长依赖于 TCA 循环和电子传输链，能够累积大量有机酸，如柠檬酸、异辛酸和 α-酮戊二酸，因其内在性质被广泛研究和应用。耶氏解脂酵母的耐酸特征可作为丁二酸生产菌的替代菌株。Cui 等以 Y. lipolytica PGC01003 为出发菌株，通过敲除 Ylpdc 和 Ylach 基因及过表达来源于酿酒酵母的磷酸烯醇丙酮酸羧激酶（phosphoenolpyruvate carboxykinase）基因 ScPCK 和自身的琥珀酰辅酶 β 亚基（succinyl-CoA synthase beta subunit）基因 YlSCS2，丁二酸的产量达到 110.7 g/L[44]。

酿酒酵母作为一种广泛应用于生物乙醇生产的真核微生物，也被用于各种化工产品的生物合成平台。丁二酸不属于酿酒酵母的终端产物，但是酿酒酵母的耐酸性非常适合于丁二酸的生产。低的生长 pH 能降低 pH 调节剂的添加量，并降低分离纯化难度。同时，酿酒酵母适合在有氧条件下合成丁二酸。通过敲除酿酒酵母 AH22ura3 的 *sdh1*、*sdh2*、*idh1* 和 *idp1* 基因，可以产生 3.62 g/L 的丁二酸，质量得率为 0.072 g/g 葡萄糖[45]。Yan 等以丙酮酸脱羧酶缺乏的酿酒酵母为出发菌株，通过敲除菌体自身的富马酸水合酶（fumarate hydratase）基因 *fum1* 和甘油-3-磷酸脱氢酶（glycerol-3-phosphate dehydrogenase）基因 *gpd* 及过表达来源于 *E. coli* 的 *fumC*、*pyc2*、*mdh3* 和 *frd1* 基因，使得丁二酸的产量达到 13 g/L，质量得率为 0.14 g/g 葡萄糖[46]。

库德毕赤酵母对酸有很强的耐受性，可耐受 pH 低于 3 的环境。通过在 *Pichia kudriavzevii* 11-1 菌株中敲除乳清酸核苷-5′-磷酸脱羧酶（orotidine 5′-phosphate decarboxylase）基因 *ura* 和丙酮酸脱羧酶（pyruvate decarboxylase）基因 *pdc*，并引入克柔念珠菌（*Candida krusei*）的基因 *pyc1* 和 *fum*，裂殖酵母（*Schizosaccharomyces pombe*）的基因 *mae*，*Leishmania mexicana* 的基因 *frd* 和德氏根霉的（*Rhizopus delemar*）的基因 *mdh*，得到目标菌株 *P. kudriavzevii* 13723，在 pH 3.0 的环境下，丁二酸产量为 48.2 g/L，质量得率和生产强度分别达到 0.45 g/g 葡萄糖和 0.97 g/(L·h)[22]。

产琥珀酸厌氧螺菌是从比格犬的喉咙和粪便中分离出来的微生物，在严格厌氧条件下能产生丁二酸和乙酸。产琥珀酸厌氧螺菌属于琥珀酸弧菌科（*Succinivibrionaceae*），是一种严格厌氧、运动性的革兰氏阴性菌，不能耐受高渗透压及高盐，能利用多种碳源，如葡萄糖、甘油、蔗糖、麦芽糖、乳糖和果糖等。另外，产琥珀酸厌氧螺菌也可以利用未经处理的低价的乳清、林业或农业废弃物水解物和玉米浆等作为碳源，提供了一种生产丁二酸的高性价比途径。氟乙酸抗性变异的产琥珀酸厌氧螺菌是生产丁二酸的一类优势菌株，与同种原始菌株相比较，变异菌株可以获得更高的丁二酸浓度和更低的乙酸浓度，现已被用于发酵工业。与产琥珀酸放线杆菌和曼海姆产琥珀酸菌一样，该菌也使用 PEP 羧化途径生成丁二酸[47-49]。表 2.1 总结了目前重要的生产丁二酸菌株的研究进展。

表 2.1 生产丁二酸菌株研究进展

菌株名称	产量/(g/L)	生产强度/[g/(L·h)]	质量得率/(g/g)	培养工艺	参考文献
产琥珀酸放线杆菌	105.8	1.36	0.82	补料分批发酵	[5]
	83.0	10.4	0.88	连续补料发酵分离耦合	[50]
	48	0.69	0.69	分批发酵	[51]

菌株名称	产量/(g/L)	生产强度/[g/(L·h)]	质量得率/(g/g)	培养工艺	参考文献
产琥珀酸放线杆菌	66	0.74	0.73	分批发酵	[51]
	95.6	1.99	0.73	补料分批发酵	[7]
	31.2	0.71	0.78	补料分批发酵	[8]
	43.0	22	1.15	生物膜连续补料发酵	[52]
曼海姆产琥珀酸菌	13.5	—	0.675	补料分批发酵	[9]
	52.4	1.8	0.76	补料分批发酵	[13]
	45.8	2.36	0.87	补料分批发酵	[14]
	66.14	3.39	0.88	补料分批发酵	[15]
	90.68	3.49	0.75	补料分批发酵	[15]
	76.11	4.08	0.84	补料分批发酵	[16]
	84.21	3.20	0.83	补料分批发酵	[17]
大肠杆菌	2.7	—	0.135	补料分批发酵	[53]
	36	—	0.67	—	[25]
	58.3	1.08	0.62	有氧发酵	[30]
	48	—	1.04	—	[26]
	80	0.82	0.79	—	[27]
	83	0.92	0.88	—	[28]
	40	—	—	厌氧分批发酵	[32]
	127.13	—	0.86	同步糖化发酵	[54]
	27.9	0.38	0.70	分批发酵	[36]
谷氨酸棒状杆菌	79.8	0.99	0.79	补料分批发酵	[33]
	2.3	—	0.023	补料分批发酵	[37]
	146	3.2	0.92	—	[39]
	134	2.53	1.10	补料分批发酵	[42]
耶氏解脂酵母	113	2.35	0.94	补料分批发酵	[43]
酿酒酵母	110.7	—	—	补料分批发酵	[44]
	3.62	—	0.072	有氧分批发酵	[55]
库德毕赤酵母	13	—	0.14	有氧分批发酵	[46]
产琥珀酸厌氧螺菌	48.2	0.97	0.45	分批发酵	[22]
	65	—	0.8	补料分批发酵	[49]

2.2.3　丁二酸发酵工艺调控及过程优化

发酵工艺调控及过程优化是指通过优化发酵培养条件，建立最优菌种发酵控制途径和改进发酵策略等手段提高菌种的生产能力和效率。生物合成丁二酸的过程主要涉及原料利用、CO_2 调控、H_2 调控、生物膜、生物反应器、发酵方式调控和培养条件优化等。通过发酵工艺调控及过程优化能显著增强丁二酸的生产能力，并降低发酵成本，对于生物基丁二酸的产业化具有重要的意义[56-58]。发酵工艺调控及过程优化的手段主要包括过程调控和过程优化等强化菌种的生产能力。

1. 原料利用

生物合成丁二酸过程，原料成本占有极其重要的比例，因此廉价的生物质原料来替代传统的昂贵的葡萄糖和酵母膏作为碳和氮源，已成为经济性的重要因素。同时，廉价的生物质原料也为林业或农业废弃资源的高效开发和利用开拓了一条新型的可行途径，具有重要的影响意义。常见生物质资源主要包括木材及其废弃物、农作物，以及在生产生活过程中所形成的各种可再利用的废弃物等，其优势在于低污染、低成本、可再生、资源丰富。目前，常用的农作废弃物主要有甘蔗蔗渣、木薯、稻草、小麦秸秆、玉米秸秆、玉米穗及其水解物等，近年来也取得了不同程度的成果[59-74]。生物质资源替代的策略或部分替代传统原料生产丁二酸是有效可行的，丁二酸产量相差无几，但廉价生物质的利用大大降低了发酵成本。但是，为了获得水解液，需要对生物质资源进行预处理，并且在预处理过程中不可避免地会产生一些抑制因子如酚类化合物、糠醛、羟甲基糠醛和弱酸等抑制发酵过程，解决这些困难也将是今后研究的重点。

2. CO_2 调控

由合成途径可知，CO_2 是一种碳源，可以被微生物利用进而合成丁二酸。不同微生物固定 CO_2 的能力不同，CO_2 固定途径中主要的关键酶有丙酮酸羧化酶（PYC）、PEP 羧化酶和 PEP 羧化激酶等。PEP 羧化激酶是野生株 *A. succiniciproducens*、*A. succinogenes*、*M. succiniciproducens* 厌氧合成丁二酸代谢途径中的关键酶。而在 *E. coli* 和 *C. glutamicum* 中，通过关键酶（PEP 羧化激酶）过量表达固定 CO_2 或利用丙酮酸羧化酶催化丙酮酸生成草酰乙酸，同样能够提高 CO_2 固定效率，同时提高 C_4 途径的代谢通量[75, 76]。发酵液中 CO_2 浓度高低对丁二酸产量具有一定的影响，*A. succinogenes* 发酵产丁二酸的过程中，在高 CO_2 摩尔比的培养条件下（100 mol CO_2/100 mol 葡萄糖），PEP 羧化合成草酰乙酸的能力显著提高，并且丁二酸为主要还原性产物；但在低 CO_2 的水平下（10 mol CO_2/100 mol 葡萄糖），乙醇即为主要还原性代谢产物。因此，有必要在发酵过程中通过控制 CO_2 的浓度来提高丁二酸的产率[12]，常用方法是直接通入外来 CO_2 或在培养基中添加碳酸盐。CO_2 或碳酸盐在培养液中主要是以 HCO_3^- 和 CO_3^{2-} 的形式存在，而以何种形式存在主要是由培养液的 pH 决定。此外，近年来也通过合成生物学手段在生产菌株中过量表达或引入可固定 CO_2 的关键酶，同样地取得了显著的成果[77]。

3. H_2 调控

CO_2 的供给是必需的，除此之外电子供体如 H_2 同样影响细胞代谢过程。H_2 可以降低细胞的氧化还原电位，并加强 NADPH 循环，有利于细胞量的升高和促进葡萄糖转化为丁二酸。CO_2 和 H_2 混合气体在缺氧条件下，有利于增加 *A. succiniciproducens* 的生物量以及丁二酸产量，经过 H_2 和 CO_2 两种气体比例的优化发现，相对于 100% CO_2 气体，当在通入 95% CO_2 和 5% H_2 时，丁二酸的得率和生产强度分别增加了 5.8%（0.86 g/g *vs.* 0.91 g/g）和 80% [1 g/(L·h) *vs.* 1.8 g/(L·h)]。外源提供的 H_2 为过量表达苹果酸的 *E. coli* NZN111 提供了更多的代谢还原力，使丁二酸得率从 0.65 g/g 提升到 1.20 g/g。外源提供 H_2 同样能够提高过量表达丙酮酸脱羧酶的 *E. coli* AFP111 的丁二酸产率，并能在一定程度上减少延胡索酸的积累[12]。

4. pH 调控

发酵液中 pH 对丁二酸的生产同样有一定的影响。丁二酸产生菌生长环境大多为中性，但发酵产丁二酸是生成混合酸的过程，发酵液中的 pH 除了影响 CO_2 的存在形式，环境中不合适的 pH 也会抑制微生物的生长，进而影响发酵效率，因此对 pH 的调控在发酵过程中显得尤为重要。pH 的调控主要是添加 pH 调节剂，常用的有 $MgCO_3$，可满足产酸与菌体生长的要求，但其成本较高，约 920 美元/t。因此，通过研究不同 pH 调节剂对 *A. succinogenes* 发酵产丁二酸的影响，发现 NaOH 和 $Mg(OH)_2$ 以质量比为 1∶1 混合时，发酵效果最好，丁二酸产量最高，同时，成本控制在了 320 美元/t，pH 调节剂成本降低了 65% 以上[78]。pH 调节剂的探寻，降低了成本，促进了生物基丁二酸发展。库德毕赤酵母、耶氏解脂酵母和酿酒酵母等耐酸工程菌株的构建和膜工程改造的 *M. succiniciproducens* 增强了丁二酸的耐受性，能显著降低 pH 调节剂的添加量和发酵成本。

5. 生物膜

生物膜（biofilm）也称为生物被膜，是指附着于物体表面被细菌胞外大分子包裹的有组织的细菌群体。生物膜作为最成功的细菌生命模式，将覆盖在凝胶状基质中的细胞菌落聚集在一起，共同增强了对恶劣环境的耐受性。*A. succinogenes*

形成生物膜的特征能增强产琥珀酸放线杆菌对丁二酸的耐受性。Ferone 等以 *Actinobacillus succinogenes* DSM 22257 为出发菌株，制备了生物膜连续流反应器，可连续发酵 5 个月以上，丁二酸的最佳产量为 43 g/L，质量得率和生产强度分别达到1.15 g/g 葡萄糖和 22 g/(L·h)[52]。*Actinobacillus succinogenes* 的生物膜是性能优良的生物催化剂，可形成高生产率、滴度和产量的丁二酸。生物膜菌落的集群效应和远高于游离菌的超强菌活力是高强度生产丁二酸的重要原因[79-81]。但是，目前生物膜法生产丁二酸的研究都集中于 *Actinobacillus succinogenes*，未见其他产丁二酸菌种的报道。

6. 生物反应器和生物反应模式

生物反应器作为大规模生产生物基化工产品的关键设备核心，其效率决定了生物基化工产品能否成功地投入市场。目前，常用于丁二酸发酵生产的生物反应模式主要包括：分批发酵、补料分批发酵、游离细胞连续发酵、固定细胞连续发酵、生物膜填充床连续发酵和发酵与分离耦合系统等。常用的反应模式是补料分批发酵，但是新型的生物反应模式如生物膜填充床连续发酵生物反应器和发酵与分离耦合系统生物反应器等受到越来越多的关注[82-84]。Maharaj 等开发了连续流 *Actinobacillus succinogenes* 生物膜反应器，其丁二酸的最大生产强度可以达到 10.8 g/(L·h)[85]。Meynial-salles 等开发了一种整合电透析系统的一体化膜生物反应器，通过原位电透析移除丁二酸，最终丁二酸的产量为 83 g/L，质量得率和生产强度分别达到 0.88 g/g 葡萄糖和 10.4 g/(L·h)[50]。总之，新型生物反应器和反应模式的探索为高产量和高生产强度的丁二酸发酵生产提供了更多的可能性。

7. 发酵方式调控

微生物在有氧或者厌氧条件下培养时，其生理和代谢路径有很大的差别。如 *E. coli* 作为兼性厌氧菌，有氧条件下野生型菌株不以丁二酸为终产物，但有氧条件下其细胞密度及比生长速率均高于厌氧条件，因此采用先在有氧条件下快速培养获得高密度菌体细胞，然后厌氧发酵生产丁二酸的两阶段发酵模式，这种模式可大幅提高丁二酸的生产速率。近年来研究发现以 *E. coli* 为发酵菌株，在最佳厌氧条件下，丁二酸产量达到 94 g/L，生产强度达到 1.3～1.76 g/(L·h)[85]。

以生物质为发酵原料时，存在两种发酵方式即同步糖化发酵（simultaneous saccharification and fermentation，SSF）和分步酶解发酵（separate enzymatic hydrolysis and fermentation，SHF）。SSF 是对发酵和生物质糖化同步进行的 步发酵；SHF 是两步过程，即先水解生物质，然后利用水解液进行发酵。Akhtar 等认为通过 SSF 方式利用生物质资源(木质纤维素)所产丁二酸浓度和生产强度比 SHF

方式稍低，但 SSF 具有其他优势，基本可以替代 SHF，如通过原位同步水解和发酵方式，可利用水解后的单糖或多糖消除对酶制剂的抑制作用，通过 SSF 可直接利用糖化产生的葡萄糖转化为丁二酸，步骤单一；相比 SHF，SSF 中纤维素更迅速地被转化为葡萄糖。同时，基因工程菌株和改善发酵条件可以提高 SSF 方式下的丁二酸产量[71]。Chen 等利用 *E. coli* NZN111 同步糖化发酵木薯，在 SSF 用于厌氧阶段，木薯淀粉生产丁二酸产率达到 0.86 g/g，在 SSF 过程中，木薯淀粉几乎被全部水解，通过改变细胞密度，可获得浓度为 127.13 g/L 的丁二酸；当液化粗木薯粉被直接用于 SHF，可生成 106.17 g/L 丁二酸。可见 SSF 发酵更优于 SHF，且 SSF 用于厌氧发酵生产丁二酸的效果更佳[54]。

除了通过单因素的调控实现高效产丁二酸外，近年来也不断出现对发酵条件的综合优化。研究者利用统计学方法，如通过 Plackett-Burman（PB）试验设计筛选影响丁二酸发酵的重要参数，然后采用响应面分析法或正交试验设计优化发酵工艺参数[86, 87]。这些措施是降低成本和提高丁二酸产率的重要基础，同时也是今后的工业化生产中有价值的参考标准。

2.2.4　丁二酸的分离纯化

微生物发酵法生成的丁二酸发酵液中，丁二酸是以盐溶液形式存在，且发酵液中存在多种其他物质，如残糖、乙醇、乙酸、乳酸、甲酸、丙酮酸、蛋白质、核酸、多糖、盐类等，因此丁二酸的分离纯化工艺是比较复杂的。丁二酸的分离纯化成本占整个生产成本的 50%～70%，因此经济高效的分离纯化工艺对提高丁二酸得率、纯度和降低丁二酸生产成本是十分必要的[88]。

生物法生产丁二酸的分离纯化工艺主要有 3 个重要步骤：第一步是通过膜过滤或离心法去除菌体；第二步是利用蒸发、絮凝、电渗析、正向渗透、吸附、萃取、离子交换等方法除去杂质对丁二酸进行初分离；第三步采用真空蒸发和结晶纯化丁二酸。目前常用的发酵液中丁二酸的分离纯化方法主要有直接结晶法、沉淀法、膜分离法、萃取法、色谱法等[88, 89]，其特征见表 2.2。

表 2.2　丁二酸分离纯化方法比较

提取方法	优点	缺点	收率/%	纯度/%
直接结晶法	操纵简单	低产量，低纯度；高能耗；需要除盐、除蛋白	75	90～97
沉淀法（钙盐法、铵盐法）	简单易操作	化学试剂需求量大，且不可重复利用，产生硫酸钙残渣，高能耗，对装备腐蚀性高	66～69	99
膜分离法（微滤、超滤、纳滤）	高产率，高纯度	膜污染严重	75	>99.4

续表

提取方法	优点	缺点	收率/%	纯度/%
萃取法	高产率，低能耗	过程复杂，成本高	73.09	99.76
色谱法	易于规模化	色谱柱填料需不断再生，再生需大量的酸和碱	95	>91

为了降低丁二酸的分离纯化成本，近年多种原位分离法（*in situ* separation，ISPR）也应用于丁二酸回收中，如原位萃取耦合发酵、膜分离耦合发酵或吸附分离耦合发酵等方法。ISPR 的使用可减少化学品添加，并降低能耗投入，关键是可降低终产物对发酵体系的抑制作用，但该法过程较复杂，如若使用吸附剂，其再生需大量酸或碱。对一种新型的基于超滤膜发酵耦合丁二酸分离的替代系统也进行了研究，通过分离出酸和补充新鲜培养基可缓和终产物对 *E. coli* 的抑制作用。高密度细胞使发酵时间从 75 h 维持到 130 h，丁二酸浓度从 53 g/L 增加到 73 g/L，同时丁二酸被结晶分离，回收率达 85%~90%。近年来通过对丁二酸分离纯化工艺的探索[89, 90]，逐渐形成丁二酸高效、低成本制备的下游工艺，也为规模化应用奠定了基础。

2.2.5　丁二酸的国内外生产现状

目前，国外的 Reverdia、Succinity、BioAmber 和 Myriant 四家公司建立了生物基丁二酸的生产线。国内的生物基丁二酸生产厂家主要是山东兰典生物科技股份有限公司等[88]。

Reverdia 公司位于意大利卡萨诺斯皮诺拉的大型生物基丁二酸生产基地，已投入运营。目前该工厂年产能为 1 万 t，是全球首家利用可再生资源生产丁二酸的大型工厂。

Succinity 公司早在 2014 年在西班牙蒙特梅洛建立了商业化量产丁二酸的生产装置并成功投产，年产能达 1 万 t。其工艺基于可再生材料，并固定 CO_2，实现了不同原料的灵活使用。此外，由于采用了闭环工艺，Succinity 生物基丁二酸的生产十分高效，不会产生大量废弃物，同时先进的下游处理工艺也确保了生物基丁二酸质量。

BioAmber 公司在加拿大安大略省萨尼亚建成世界上最大的生物基丁二酸生产装置。从农业糖中提取葡萄糖生产丁二酸，年产能可达 3 万 t，农业糖主要来源于安大略省南部的农业基地。

Myriant 公司 2010 年 12 月在美国路易斯安那州普罗维登斯开始建设年产 1.3 万 t 的生物基丁二酸生产装置。2013 年与土耳其 Bayegan 集团签订了合作合同，推进 Myriant 公司的生物基丁二酸在中东、东欧及非洲市场实现商业化。

山东兰典生物科技股份有限公司是国内从事生物基丁二酸的生产厂家，主要生产生物基丁二酸以及丁二酸为原料的生物基 PBS 可降解塑料，已于 2017 年 9 月建成首条产能 6 万 t/a 的生物基丁二酸生产线。

2.3　生物基己二酸

2.3.1　己二酸简介

己二酸（adipic acid），俗称肥酸，简称 AA 或 ADA，是含有六个碳的脂肪族直链二元羧酸，分子结构式为 $HOOC(CH_2)_4COOH$。天然己二酸主要在尿液中存在，而植物及微生物中未见有天然己二酸存在的相关报道。己二酸主要作为聚酰胺、聚氨酯、化学纤维和工程塑料等聚合物的单体原料，也可以作为食品添加剂、调味剂、染料及香料等[91]。2016 年，全球己二酸产量为 330 万 t，产值超过 40 亿美元。

目前，己二酸的主要生产方法是以环己醇和环己酮混合物为原料的硝酸氧化法（KA 油法），占全球生产能力的 90%以上。在 KA 油法中，强氧化性的硝酸会严重腐蚀设备，并且副产物氮氧化物被认为是引起全球变暖和臭氧减少的原因之一，给环境造成了极大的污染。随着环境法规的日趋完善和公众环保意识的不断加强，研究开发清洁无害的生物基己二酸生产工艺越来越受到人们的重视，符合 21 世纪绿色化工要求，环境友好的新型化学催化工艺不断被开发出来。但是这些新工艺由于催化剂的成本和催化效率，以及生产能力和规模化等问题，还未能实现广泛的产业化应用。随着工业生物技术的快速发展，特别是基因工程技术、生物催化剂的快速筛选与改造技术、代谢工程技术、进化工程技术以及合成生物技术等的进步，生物法合成生物基己二酸已经引起了人们的密切关注。

2.3.2　己二酸的生物合成

目前，己二酸的生物合成途径主要有两种，一种是己二酸的半生物合成途径，主要合成含有共轭双键的六碳二元酸，即顺，顺-黏康酸（cis, cis-muconic acid），之后再通过化学加氢转变为己二酸；另一种是设计和构建生物体内不存在的己二酸合成途径，一步直接合成己二酸[92]。顺，顺-黏康酸合成途径直接存在于天然的微生物中，但是其合成底物主要是甲苯、苯甲酸、苯及苯酚等石油化工产品，涉及的主要关键酶是儿茶酚 1, 2-双加氧酶（catechol-1, 2-dioxygenase，CAT A）等。

己二酸直接生物合成途径基本不存在于天然的微生物中，研究者们根据已知的类似物合成途径，构建了多种己二酸人工合成途径，但是产量仍达不到产业化要求[93-95]。嗜热裂孢菌（*Thermobifida fusca*）是目前已知的唯一含有天然己二酸合成途径的菌株，研究发现嗜热裂孢菌 B6 能够通过逆己二酸 β-氧化途径合成己二酸，其己二酸的产量达到 2.23 g/L，质量得率和生产强度分别达到 0.0446 g/g 葡萄糖和 0.034 g/(L·h)[96]。

1. 己二酸的半生物合成

顺，顺-黏康酸是含有共轭双键的六碳二元酸，可以通过化学加氢转变为己二酸。从化工厂以及被污染的土壤中分离得到的一些可以降解芳香族类化合物的微生物，可以把苯甲酸、苯、苯酚及甲苯等的化合物转化为顺，顺-黏康酸，这些微生物主要包括节杆菌属（*Arthrobacter*）、假单胞菌属（*Pseudomonas*）、鞘氨醇杆菌（*Sphingobacterium* sp.）和假丝酵母属（*Candida*）等。

1）芳香族化合物转化生成顺，顺-黏康酸

1988 年，Maxwell 利用假单胞菌（*Pseudomonas* sp.）ATCC31916 的突变菌在含有甲苯的培养基中成功积累了顺，顺-黏康酸。之后，Mizuno 等获得了一株节杆菌（*Arthrobacter* sp.）T8628，能将有毒的化合物苯甲酸转化为顺，顺-黏康酸，48 h 积累量为 44 g/L[97]。Bang 等利用恶臭假单胞菌（*Pseudomonas putida*）BM104 将苯甲酸转化为顺，顺-黏康酸，补料发酵 40 h 后生产了 30 g/L 的顺，顺-黏康酸，生产强度达到 2.2 g/(L·h)[98]。Krivobok 等发现黄孢原毛平革菌（*Phanerochaete chrysosporium*）809 可以利用并降解苯酚，降解后的产物中也含有顺，顺-黏康酸[99]。

儿茶酚 1，2-双加氧酶能够将儿茶酚转化为顺，顺-黏康酸。Wu 等在一家聚苯乙烯化工厂的污水中分离得到一株能够降解苯甲酸并合成顺，顺-黏康酸的鞘氨醇杆菌，之后对培养基进行优化，并指出 CAT A 作为加氧酶，包含 2 个 Fe^{3+} 作为辅因子，因此在培养基中添加 EDTA-$FeCl_3$ 能显著提高顺，顺-黏康酸的产量。之后，继续对鞘氨醇杆菌进行突变，得到突变株 M4115，在含有 2.0 g/L 苯甲酸钠的培养基中 28 h 可以积累 0.56 g/L 的顺，顺-黏康酸，另外，在培养基中添加 EDTA-$FeCl_3$，顺，顺-黏康酸产量进一步提高了 17%[100]。

Duuren 等诱变恶臭假单胞菌 KT2440 获得突变株 KT2440-JD1，该突变株不能利用苯甲酸作为唯一碳源，在葡萄糖共同存在下才能生长与积累顺，顺-黏康酸，生产强度达到 0.18 g/(g DCW·h)，进一步优化培养条件后，顺，顺-黏康酸的生产强度可达到 1.4 g/(g DCW·h)，转录组分析发现在 KT2440-JD1 中原来的 *catR* 操纵子被破坏，而在其后的 *ben* 操纵子高度活跃，*ben* 操纵子中含有另一个儿茶酚 1，2-双加氧酶（CAT A2）[101]。Guzik 等从嗜麦芽寡养单胞菌（*Stenotrophomonas maltophilia*）KB2 得到儿茶酚 1，2-双加氧酶，也可以应用于顺，顺-黏康酸合成途径[102]。

目前，已经有很多 *catA* 被报道，如来自产碱杆菌（*Alcaligenes* sp.）、不动杆菌（*Acinetobacter* sp.）、鞘氨醇单胞菌（*Sphingomonas* sp.）和嗜麦芽寡养单胞菌（*Stenotrophomonas maltophilia*）等。CAT A 与底物儿茶酚的晶体结构由 Earhart 解析出来[103]，发现了 3 种不同类型与底物结合的同工酶晶体结构，由不同的亚基组成，包括 αα、αβ 和 ββ，分子质量分别为 59000 Da①、63000 Da 和 67000 Da。基于 CAT A 的蛋白结构，通过计算模拟，构建了一系列 *catA* 的突变体，最终能有效提高酶活以及顺，顺-黏康酸的产量。

2）环烃类直接转化合成己二酸

Cheng 等通过柯斯质粒载体（cosmid vetors）构建土壤棒杆菌（*Acinetobacter* sp.）SE19 基因组文库，筛选得到土壤棒杆菌氧化环己醇基因簇，是一个大小为 14 kb[1 kb 是 1000 碱基对(bp)]，含有从环己醇到己二酸转化途径的基因簇，如图 2.5 所示。通过异源表达得到可氧化环己醇生产己二酸的重组大肠杆菌，己二酸的产量为 400 ppm[104]。

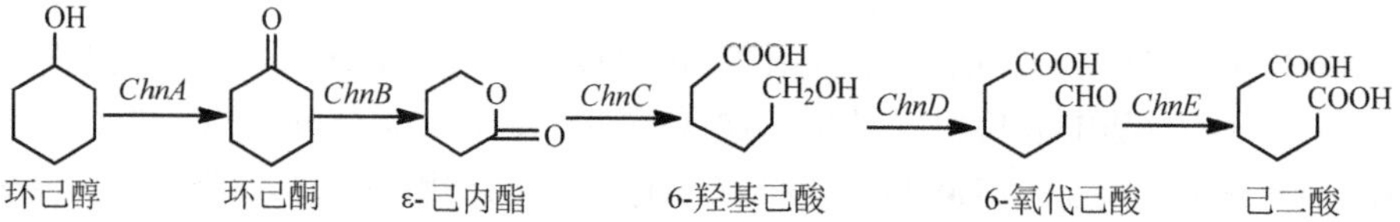

图 2.5　环烃类物质转化己二酸途径

Brzostowicz 等分离得到一株可以在添加环己酮以及环己醇的培养条件下生长的菌株表皮短杆菌（*Brevibacterium epidermidis*）HCU，通过 Out-PCR 技术发现该菌中由环己酮到己二酸转化途径中存在两个不同的基因簇[105, 106]，与 Cheng 等报道的土壤棒杆菌 SE19 相关基因簇有所差别。环烃类直接转化合成己二酸的研究报道比较少，且产量较低，远远达不到产业化要求。

2. 己二酸的全生物合成

尽管通过转化苯甲酸、苯、苯酚及甲苯等芳香族化合物能够得到顺，顺-黏康酸，但是由于芳香族类原料依然受到石油资源的制约，限制了顺,顺-黏康酸的大规模生产。此外，顺-黏康酸到产品己二酸仍需要进行化学加氢，尽管方法简单，但一定程度上增加了己二酸生产成本，因此直接利用微生物生产己二酸更加吸引人们的关注。

当前，研究者通过大量研究，设计和构建了生物体内不存在的己二酸合成途径，填补了以可再生的葡萄糖和脂肪酸等为底物生产己二酸的空白，具体代谢途径如下所述。

---

① 1 Da = 1.66054×10^{-27} kg。

1）ω-氧化途径

ω-氧化途径是生物体内存在的脂肪酸代谢途径的一种，不同于 β-氧化途径对脂肪酸 β-位上的碳进行氧化，ω-氧化途径主要氧化脂肪酸远离羧基端上的碳。ω-氧化途径分为 3 个阶段，首先在 P450 氧化酶体系的作用下，脂肪酸远离羧基端的碳上连接的氢被氧化为羟基；然后氧化后的羟基在醇脱氢酶的作用下被氧化为醛基；最后醛基在醛脱氢酶的作用下被氧化为羧基，从而形成二元酸[107]。

美国 Verdezyne 公司在被石油污染的土壤中分离得到了一株以烷烃或者脂肪酸作为碳源的酵母菌株，这株酵母菌能够利用 ω-氧化途径和 β-氧化途径将烷烃以及脂肪酸转化为供细胞生长的能量以及中间代谢产物。阻断或逆转 β-氧化途径，可以将烷烃以及脂肪酸转化为二元酸。通过对该种酵母进行遗传改造，选择性敲除 β-氧化途径中的第一个酶酰基辅酶 A 氧化酶（acyl-coA oxidase），得到可以将烷烃以及脂肪酸大部分转化为己二酸的酵母菌株，转化率约为 0.60 g/g（椰子油为底物）或者 0.69 g/g（椰子油皂角为底物），进一步强化 ω-氧化途径中的酶，产量能提高 5 倍。通过两阶段发酵方式，第一阶段在培养基中进行细胞生长，第二阶段将脂肪酸类底物持续地加入进行发酵生产，在 144 h 时可以积累得到浓度为 50 g/L 的己二酸，从而为利用植物油资源生产己二酸提供了可能[108]。

2）莽草酸-顺，顺-黏康酸途径

Draths 等以大肠杆菌为出发菌株，引入 3 个外源基因，即 3-脱氢莽草酸脱水酶（3-dehydro shikimate dehydratase）基因 aroZ、原儿茶酸脱羧酶（protocatechuate decarboxylase）基因 aroY 和儿茶酚 1, 2-双氧化酶基因 catA，实现了葡萄糖合成顺，顺-黏康酸[109]。Frost 等继续对重组大肠杆菌进行优化改造，将两个来源于肺炎克雷伯菌（Klebsiella pneumonia）脱氢莽草酸脱水酶基因（aroZ）拷贝整合到大肠杆菌基因组中，同时来源于肺炎克雷伯菌原儿茶酸脱羧酶基因（aroY）以及来源于醋酸钙不动杆菌（Acinetobacter calcoaceticus）的 catA 基因在质粒上表达，并改造调控芳香族氨基酸合成途径中的 DAHP 合酶，提高代谢通量，然后进行分批补料发酵，顺，顺-黏康酸在 48 h 的产量达到 36.8 g/L，糖酸的摩尔转化率达到 22%[110]。但在顺，顺-黏康酸合成途径使用诱导型启动子无疑会增加生产成本，并且带来操作上的不便。Han 等在 Frost 的基础上，将 IPTG 诱导型启动子改造为组成型启动子，同样实现了顺，顺-黏康酸的生产，为降低生产成本提供了可能[111]。Lin 等在大肠杆菌中构建了延长的莽草酸途径，以生产苯丙氨酸的菌株为出发菌株，通过引入同分异构体合成酶（isochorismate synthase）基因 ics 和丙酮酸同分异构体裂解酶（isochorismate pyruvate lyase）基因 ipl 将苯丙氨酸合成水杨酸，之后继续引入水杨酸 1-单加氧酶（salicylate 1-monooxygenase）基因 smo 和儿茶酚 1, 2-双氧化酶基因 cat，将水杨酸氧化裂解成顺，顺-黏康酸，产量为 1.5 g/L[112]。Sun 等将丙酮丁醇梭杆菌（Clostridium acetobutylicum）的烯酮还原酶（enoate reductase）

基因导入能合成顺，顺-黏康酸的重组大肠杆菌中，可直接合成己二酸，最佳的己二酸产量达到 27.6 mg/L[113]。

　　Sun 等从大肠杆菌色氨酸生物合成分支中的中间代谢物邻氨基苯甲酸出发，引入邻氨基苯甲酸 1, 2-双加氧酶（anthranilate1, 2-dioxygenase，ADO）和儿茶酚 1, 2-双加氧酶，将邻氨基苯甲酸盐转化为儿茶酚，并进一步转化为顺，顺-黏康酸（图 2.6）[114]。通过过量表达莽草酸合成途径中的一些关键基因，并阻断色氨酸的生物合成，以及过量表达谷氨酸合成酶来增强谷氨酸盐再生系统，增加邻氨基苯甲酸盐的产量，最后获得的重组大肠杆菌在简单碳源培养基中通过摇瓶发酵产生 389.96 mg/L 的顺，顺-黏康酸。Sengupta 等采用基因修饰 *Escherichia coli* K-12，BW25113，将非天然的 4-羟基苯甲酸水解酶（4-hydroxybenzoate hydrolyase）基因 *pobA*、原儿茶酸脱羧酶（protocatechuate decarboxylase）基因 *aroY* 和儿茶酚 1, 2-双加氧酶基因 *catA* 导入目的菌株，过表达菌株自身的 *ubiC*、*aroF^{FBR}*、*aroE* 和 *aroL* 基因并敲除 *ptsH*、*ptsI*、*crr* 和 *pykF* 基因，经过 4-羟基苯甲酸途径从葡萄糖能够合成 170 mg/L 的顺，顺-黏康酸[115]。儿茶酚 1, 2-双加氧酶是合成顺，顺-黏康酸的关键酶，酶活性的高低显著影响顺，顺-黏康酸合成效率。Han 等通过结构辅助蛋白质设计，设计了 9 种 *catA* 突变基因，最佳的顺，顺-黏康酸产量达到 1.48 g/L[111]。

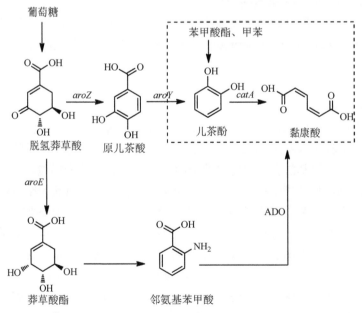

图 2.6　顺，顺-黏康酸合成途径

　　相对于大肠杆菌，酿酒酵母（*Saccharomyces cerevisiae*）的发酵过程可以保持在较低的 pH 状态下进行，后续不需要加入大量的盐来调节 pH，对于顺，顺-黏康酸的分离纯化具有较大的优势，可以节约大量成本。Weber 等在酿酒酵母中表达异源基因 3-脱氢莽草酸脱水酶、原儿茶酸脱羧酶以及儿茶酚 1, 2-双加氧酶并阻断 3-脱氢莽草酸到莽草酸这一竞争步骤来提高原儿茶酸的流量，最终得到 1.56 mg/L 的顺，顺-黏康酸[93]。Raj 等以能合成顺，顺-黏康酸的酿酒酵母为基础构建了三阶段发酵途径，将来源于凝结芽孢杆菌（Bacillus coagulans）的烯醇还原酶（enoate reductases）er 基因导入酿酒酵母，能从葡萄糖合成顺，顺-黏康酸再合成己二酸，最终合成 284 mg/L 的顺，顺-黏康酸，再合成 2.59 mg/L 的己二酸[116]。

莽草酸途径是由 4-磷酸赤藓糖和磷酸烯醇式丙酮酸经几步反应生成莽草酸，再由莽草酸生成芳香氨基酸的重要途径，其中间产物的莽草酸也可以作为合成顺，顺-黏康酸等化学物质的前提物质。Curran 等在酿酒酵母中构建了莽草酸到顺，顺-黏康酸的人工合成途径，通过导入来源于柄孢霉（Podospora anserina）的脱氢莽草酸脱水酶（dehydroshikimate dehydratase）基因、阴沟肠杆菌（Enterobacter cloacae）的原儿茶酸脱羧酶（protocatechuic acid decarboxylase）基因和白色念珠菌（Candida albicans）基因 catA，继续敲除 aro3 和 zwf1 基因并过表达 aro4 和 tkl1 基因，获得的目标菌株可产生 141 mg/L 的顺，顺-黏康酸，是出发菌株的 24 倍[117]。Pyne 等为了增加顺，顺-黏康酸的合成能力，在敲除 aro3 和 aro4 基因的酿酒酵母中通过 C-终端标记脱稳定 Aro1 酶（Aromatase），导致更多的原儿茶酸积累，形成更多的顺，顺-黏康酸，在连续流加发酵过程产量为 1.2 g/L，而补加氨基酸产量可以达到 5.1 g/L，质量得率为 58 mg/g 葡萄糖[118]。

除了大肠杆菌和酿酒酵母基因工程菌外，基因工程修饰的绿针假单胞菌（Pseudomonas chlororaphis）也用于己二酸的合成。Wang 等在绿针假单胞菌 HT66 中构建了不含质粒的顺，顺-黏康酸合成途径，通过将原儿茶酸降解途径整合到内源性泛醌生物合成途径的染色体上，目标菌株 HT66-MA6 能够合成 3.376 g/L 顺，顺-黏康酸，质量得率为 0.187 g/g 甘油[119]。

3）α-酮己二酸合成途径

Djurdjevic 等在大肠杆菌中成功构建由 α-酮戊二酸到戊烯二酸的合成途径，如图 2.7 所示[120]。Parthasarathy 等将上述途径中的酶应用于由 α-酮己二酸到 2-烯-己二酸的合成过程，并将关键酶——2-羟基戊二酸单酰辅酶 A 脱氢酶（2-hydroxyglutaryl-CoA dehydratase）进行纯化和表征，发现其可以与六碳的(R)-2-羟基己二酰辅酶 A[(R)-2-hydroxyadipoyl-CoA] 作用生成 (E)-2-己烯二酰基辅酶 A[(E)-2-hexenedioyl-CoA]。同时，研究了途径中的戊烯二酸辅酶 A 转移酶（glutaconate CoA transferase）的底物特异性，发现其依赖于底物分子中含有完整 CoA 类的物质，而对 CoA 类以外的酰基基团则没有特异性，戊烯二酸辅酶 A 转移酶可以选择戊二酸、(E)-戊烯二酸、(R)-2-羟戊二酸[(R)-2-hydroxyglutarate]及己二酸作为底物，由此推断它对 2-羟基己二酸完全可以起作用。另外证明 2-羟戊二酸脱氢酶

（2-hydroxyglutarate dehydrogenase）具有很高的底物特异性，但是其酶活性中心的 L-精氨酸的存在导致该酶可塑性差，因此合适的 2-羟己二酸脱氢酶（2-hydroxyadipate dehydrogenase）能实现由 α-酮基己二酸到 2-烯-己二酸的生物合成途径[121]。

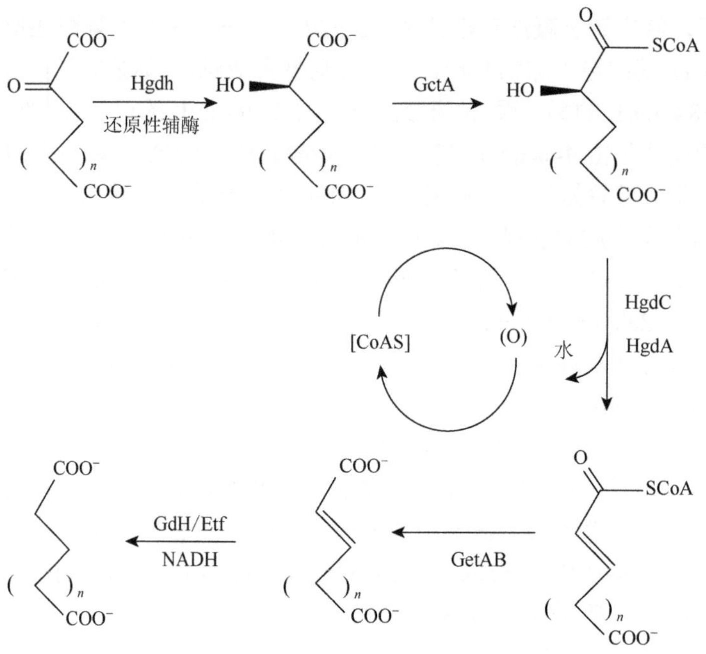

图 2.7　由 α-酮戊二酸到戊烯二酸的合成途径

Dang 等在脑癌细胞中发现一种异柠檬酸脱氢酶（isocitrate dehydrogenase）的突变体，该酶可以催化依赖于 NADPH 的由 α-酮基戊二酸到(R)-2-羟戊二酸的还原反应[122]。之后，Reitman 等研究了催化类似反应的高异柠檬酸脱氢酶（homoisocitrate dehydrogenase），发现同样位点的突变可以将 α-酮己二酸转化为(R)-2-羟己二酸。因此，确定了由 α-酮己二酸到 2-烯-己二酸的途径中的各个酶[123]。

4）逆 β-氧化途径

己二酸在微生物体内可以降解为琥珀酰辅酶 A 及乙酰辅酶 A。依据这种现象，通过设计己二酸逆降解途径即逆 β-氧化途径实现己二酸的生产。构建己二酸逆 β-氧化途径，依次需要将乙酰辅酶 A 及琥珀酰辅酶 A 经过琥珀酰辅酶 A ∶乙酰辅酶 A 转移酶（Succinyl-CoA ∶ Acetyl-CoA transferase），3-羟基酰基辅酶A脱氢酶（3-hydroxyacyl-CoA dehydrogenase），3-羟基己二酰辅酶 A 水合酶（3-hydroxyadipyl-CoA dehydratase），5-羧基-2-戊烯基辅酶 A 还原酶及己二酸辅酶 A 合成酶（adipyl-

CoA synthetase）的作用，通过琥珀酰辅酶 A 和乙酰辅酶 A 聚合，逐步合成己二酸，具体步骤如图 2.8 所示。

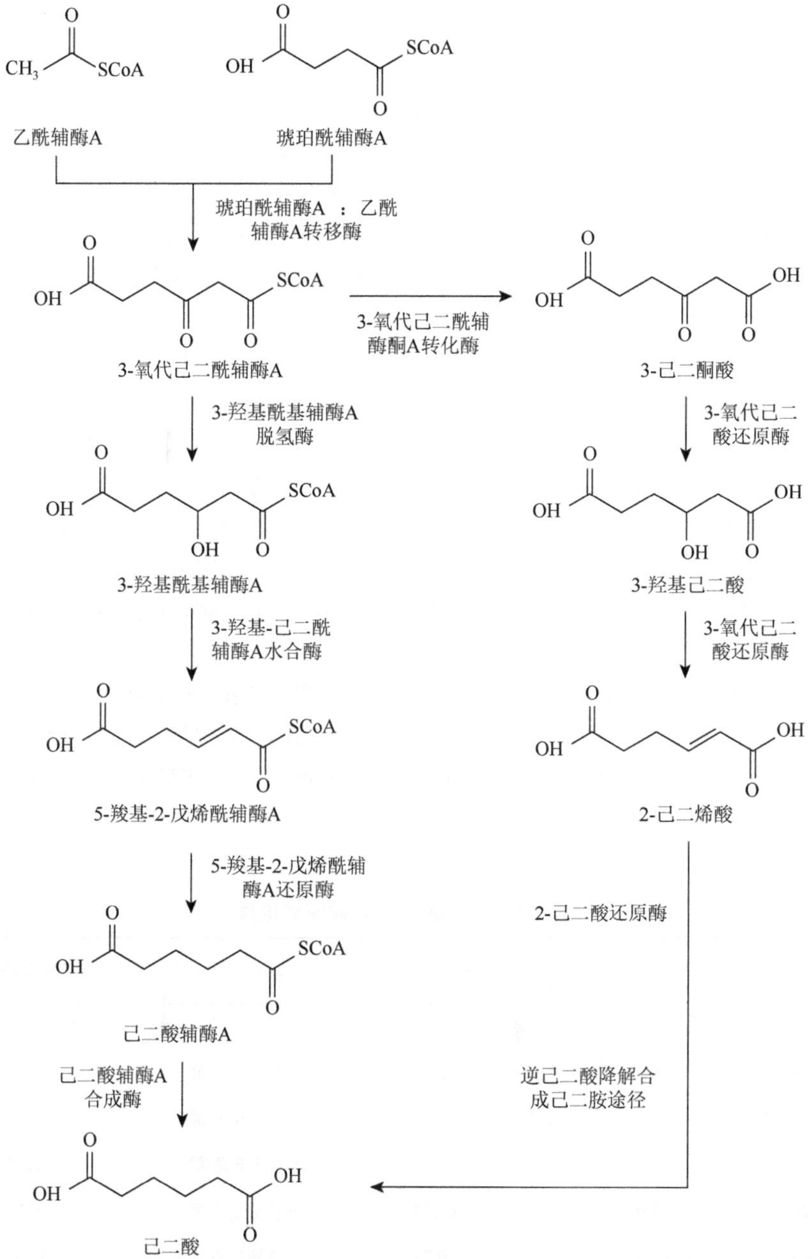

图 2.8　己二酸逆降解途径

　　己二酸在生物体内的降解还可通过 3-酮基己二酸（3-oxoadipate），最终形成琥珀酰辅酶 A 及乙酰辅酶 A。通过上述思路，也可以设计由琥珀酰辅酶 A 及乙酰辅酶 A 形成 3-酮基己二酰辅酶 A 之后，再经 3-酮基己二酰辅酶 A 转移酶作用形成 3-酮基己二酸，3-酮基己二酸依次经过 3-酮基己二酸还原酶（3-oxoadipate reductase）、3-羟基己二酸水合酶（3-hydroxyadipate dehydratase）以及烯酯还原酶（2-enoate reductase）形成己二酸的途径。Babu 等根据己二酸逆 β-氧化途径，将来源于大肠杆菌 MG1655（ATCC 47076）的 3-氧代己二酰辅酶 A 硫解酶基因 *paaJ*、3-羟基己基辅酰 A 脱氢酶基因 *paaH* 和 3-羟基己二酰辅酶 A 脱水酶基因 *paaZ*，来源于丙酮丁醇梭菌（*Clostridium acetobutylicum*）ATCC824 的己二酰辅酶 A 脱氢酶基因 *bcd* 和来源于小白鼠（*Mus musculus*）的辅酶 A 酯酶基因 *Acot8* 共同表达于大肠杆菌，以葡萄糖作为碳源可以合成 12 μg/L 的己二酸[124]。Yu 等根据己二酸逆 β-氧化途径，将 *paaJ*、*hbd*、*crt*、*ter*、*ptb* 和 *buk1* 基因导入大肠杆菌，以葡萄糖作为碳源可以合成 673 μg/L 的己二酸[125]。

　　Zhao 等将来源于嗜热裂孢菌（*Thermobifida fusca*）B6 的己二酸逆 β-氧化途径的 β-酮硫醇酶基因 *Tfu_0875*、3-羟基酰辅酶 A 脱氢酶基因 *Tfu_2399*、3-羟基己二酰辅酶 A 脱氢酶基因 *Tfu_0067*、5-羧基-2-戊烯酰-辅酶 A 还原酶基因 *Tfu_1647* 和琥珀酰辅酶 A 合成酶基因 *Tfu_2576-7* 导入大肠杆菌，并敲除 L-乳酸脱氢酶基因 *ldhA*，乙酰辅酶 A C-乙酰基转移酶基因 *atoB* 和琥珀酰辅酶 A 合成酶 α 亚基基因 *sucD*，得到目的菌株 Mad123146，其己二酸产量达到 68.0 g/L，质量得率和生产强度分别达到 0.378 g/g 葡萄糖和 0.810 g/(L·h)[126]。Yang 等也将来源于嗜热裂孢菌的己二酸逆 β-氧化途径的基因导入大肠杆菌，并对 5-羧基-2-戊烯-辅酶 A 还原酶基因进行点突变，获得突变菌株 E334D 的最高己二酸产量为 0.23 g/L[125]。表 2.3 总结了己二酸生物合成研究进展。

表 2.3　己二酸生物合成研究进展

菌株名称	产量/(g/L)	生产强度/[g/(L·h)]	得率/(g/g)	培养工艺	参考文献
顺，顺-黏康酸					
节杆菌	44	0.91	—	补料分批发酵	[97]
恶臭假单胞菌	30	2.2	—	补料分批发酵	[98]
	18.5	0.6	—	补料分批发酵	[27]
绿针假单胞菌	3.376	—	0.1876	补料分批发酵	[17]
鞘氨醇杆菌	0.56	0.06	0.28	摇瓶培养	[100]

续表

菌株名称	产量/(g/L)	生产强度 /[g/(L·h)]	得率/(g/g)	培养工艺	参考文献
大肠杆菌	36.8	0.76	0.96	补料分批发酵	[110]
	0.17	—	—	摇瓶培养	[115]
	1.48	—	—	摇瓶培养	[111]
	1.5	0.031	—	摇瓶培养	[112]
酿酒酵母	0.141	—	—	摇瓶培养	[93]
	0.141	0.0014	0.0039	摇瓶培养	[117]
	1.2	—	—	补料分批发酵	[118]
	5.1	—	0.058	流加氨基酸补料分批发酵	[117]
己二酸					
酿酒酵母	0.00259	—	—	三阶段摇瓶发酵	[116]
大肠杆菌	0.000012	—	—	摇瓶发酵	[124]
	0.000673	0.0000056	—	摇瓶发酵	[125]
	68.0	0.810	0.378	补料分批发酵	[126]
	0.0276	—	—	微氧摇瓶共培养	[113]
	0.23	—	—	摇瓶发酵	[127]
嗜热裂孢菌	2.23	0.034	0.0446	分批发酵	[96]

2.3.3　己二酸的国内外生产现状

美国 Verdezyne 公司 2010 年已经获得可以以烷烃类、植物油和糖类为原料生产己二酸的酵母基因工程菌，并已投入大规模生产。Verdezyne 公司开发的生物基工艺，使用转基因酶，利用酵母将葡萄糖发酵成己二酸，是第一个非石油来源的生物基生产己二酸的平台。目前，该公司新的酵母平台能够用更低的成本生产己二酸，与从石油提取产品相比，该工艺的碳排放量大幅降低。2013 年，该公司宣布与马来西亚生物技术投资集团 Biotechcorp 合作，这将有助于该公司将马来西亚作为建立生物技术生产设施的主要地点，并有可能采购当地原料，如棕榈脂肪酸和棕榈仁油馏分，降低生产成本，以制造终端产品[129, 130]。

2013 年，美国 Rennovia 公司也实现了 100%生物基己二酸生产。根据 Information Handling Services（IHS）公司报告，Rennovia 公司研发的生物基己二酸生产路线与基于环己烷氧化的石油路线相比拥有成本优势，可减少 85%的温室气体排放量[131]。

目前，国内有诸多高校及科研机构如江南大学、上海交通大学、中国科学院天津工业生物技术研究所、北京化工大学等正在进行生物基己二酸的合成研究，但基本都处于实验室阶段，尚未见产业化的报道。

2.4　生物基壬二酸

2.4.1　壬二酸简介

壬二酸（azelaic acid，AA），俗名杜鹃花酸，是一种重要的精细化工中间体，分子结构式为 $HOOC(CH_2)_7COOH$，是中长链直链二元酸的一种。目前，壬二酸主要用于生产壬二酸二辛酯增塑剂，也可作为合成香料、润滑油、黏合剂、水溶性树脂、防蛀剂、油剂和聚酰胺的原料，同时壬二酸也可用作食品防腐剂、药剂和日化用品等[132, 133]，但是目前国内壬二酸的产量严重不足。

壬二酸在化学工业领域是生产尼龙69的原料。壬二酸可提高不饱和聚酯的柔韧性，也可用作苯二甲酸-乙二醇聚酯的改性剂。壬二酸类增塑剂为优良耐寒性增塑剂，适用于人造革、薄膜、薄板、电线和电缆护套等，在塑料和橡胶助剂中应用广泛。

2.4.2　化学法制备壬二酸

以不饱和脂肪酸或其衍生物为原料，经氧化裂解制得壬二酸，是最早工业化的方法，也是现在普遍应用的方法。常用的不饱和脂肪酸有油酸、亚油酸、蓖麻油酸等，其中油酸为最常用的原料。反应用的氧化剂可以是臭氧、高锰酸钾、过氧化氢、次氯酸钠、硝酸等。我国的油脂原料如棉籽油、蓖麻油、大豆油、米糠油和猪、牛、羊等动物油脂，均可用来生产壬二酸。

氧化反应具有反应条件温和、选择性好、产品收率高、无污染等优点。臭氧在油酸生产壬二酸的工业生产上被作为氧化剂使用。首先使油酸与壬酸的混合物通过臭氧化器，逆流与臭氧接触，生成油酸的臭氧化物，再在锰盐的作用下，利用氧气使键断裂，产生壬酸醛和壬醛的混合物，接着又被氧化为壬二酸和壬酸。近几年，国内在臭氧作为氧化剂方面的研究也十分活跃。以油酸为原料，经臭氧处理后再进一步氧化，并以水为溶剂，在气流搅拌下，水和油酸形成稳定的乳液，和乙酸作溶剂相比，壬二酸的产率可达46%，之后先萃取出大部分壬二酸，后蒸馏壬酸，产品萃取前避免了高温过程，收率约为50%。对主要因素如溶剂与油酸的体积比、臭氧化温度、催化剂的种类和用量以及氧化分解时间对反应的影响进行研究，表明臭氧化温度为 25~30℃，催化剂用量为油酸的 0.08%~0.12%，氧化分解温度为 90~95℃，反应时间为 2.5 h，壬二酸的收率达47%[134, 135]。王书谦和李英春以棉籽油为原料，以冰醋酸与水的混合物作为反应溶剂，用臭氧氧化法制备壬二酸，研究了物料配比、催化剂用量、时间、温度对反应的影响，并采用丙酮淋洗、活性炭吸附脱色法精制壬二酸，得出溶剂与脂肪酸质量比为 4:1，催化剂用量为混合脂肪酸质量的 0.12%，氧化分解温度为 90～100℃，氧化分解时间为 4 h，产品收率为 48.2%，纯度为 97.6%[136]。吾满江·艾力等用微波裂解臭氧化反应产物的方法制备壬二酸，在裂解过程中无需使用催化剂且反应速率比常规裂解快 2 倍以上，壬二酸产率最高可达 80%，溶剂可回收重复利用[137]。

Santacesaria 等以钨酸为催化剂，以 H_2O_2 氧化油酸得到反应中间体，并加入 0.4% 的四水乙酸钴溶液，经高压蒸锅加压至 4.5～7.0 MPa，在 65～70℃ 条件下反应 4.5 h，得到壬二酸（产率 75%）与壬酸（产率 75.4%）。以 50% H_2O_2 为氧化剂，钨化合物为催化剂，在三辛基甲基氯化铵（TOMAC）和双十八烷基二甲基氯化铵（DOCMAC）为相转移试剂的条件下，考察了油酸氧化制备壬二酸的催化反应过程。表明油酸在磷钨酸/(50% H_2O_2)/TOMAC 组成的催化体系作用下，控制磷钨酸用量为油酸投料质量的 20%～30%，n（TOMAC）:n（磷钨酸）= 0.6:1，反应温度为 95～100℃，反应时间为 8 h，反应转化率为 100%，壬二酸的选择性达到 91.5%[138]。

硝酸因其强氧化能力适合用于氧化反应，且价格低廉，可以明显降低成本。以钒酸铵为催化剂，在 60℃ 使 HNO_3 与油酸反应 48 h，得到粗壬二酸产品，产率为 43%。在无催化剂的情况下，壬二酸的产率仅为 30%，而提高 HNO_3 的浓度，对产率几乎无影响。现在壬二酸的主流生产工艺为利用 98% H_2SO_4 使油酸甲酯磺化，将反应产物加至含 NaCl 的冰水中进行分层，取油层在 MnO_2 催化剂的存在下用 65%～71% HNO_3 进行氧化裂解，经过滤、干燥，得到产率约为 72% 的壬二酸粗产品。但是值得注意的是，由于氧化裂解反应为较复杂的非均相反应，大多数反应工艺都采用两步法或三步法，因此联合使用两种或三种氧化剂，并且采用乳化技术或相转移催化剂，以提高反应的效率和选择性[139]。

次氯酸钠的价格较低，制备方法也较简单，氧化效果好，产物易于分离、提纯。将油酸（10%）、乙氧基月桂醇（1%）和水 [9%（质量分数）] 配制成稳定的 O/W 乳化液，在 20℃、pH = 12.5，催化剂 $RuCl_3$ 条件下进行反应，分离得到壬二酸和壬酸，在相同转化率（85%）的情况下，利用乳化技术使反应时间从 10 h 缩短至 2 h[140]。

高锰酸钾作为氧化剂，从油酸氧化制备壬二酸的反应为非均相反应，因此单独使用高锰酸钾，不易得到壬二酸，一般通过添加相转移催化剂或乳化技术来加快反应速率，提高高锰酸钾的氧化能力，增加目标产物的产率。例如，采用高锰酸钾作为氧化剂、苄基三乙基氯化铵为相转移催化剂，壬二酸的产率随高锰酸钾用量的增加而增加，最高达 58.1%。以高锰酸钾为氧化剂的氧化油酸法，得率低，且消耗大量的硫酸和高锰酸钾，不仅成本高，而且污染严重。乳化法虽然可改进高锰酸钾法的工艺，但高锰酸钾的用量仍很大，而且后处理十分繁杂，经济上难以平衡[141-143]。

2.4.3　生物法制备壬二酸

某些微生物可以通过胞内酶的作用可在常温、常压下氧化石油中的正构烷烃，从两端的甲基一步加上 4 个氧原子，生成与正烷烃相应链长的各种中长链二元酸，如壬二酸等[144-146]。此法具有原料来源丰富、生产条件温和、工艺简单、规模大、能耗低、产品纯度高和成本低等优点。

热带假丝酵母中存在利用烷烃代谢合成壬二酸的途径。代谢过程的第一步是利用热带假丝酵母对烷烃的亲和力和乳化能力将胞外的烷烃转运到胞内；烷烃进入热带假丝酵母细胞内后，在微粒体中由细胞色素 P450 酶和细胞色素还原酶进行 α-氧化变成一元醇。热带假丝酵母细胞色素 P450 酶可以由烷烃诱导产生，并且细胞色素 P450 酶的诱导量和烷烃的转化率呈线性关系，此反应被认为是 α-氧化途径的限速步骤。随后，一元醇在细胞质中被醇脱氢酶和醛脱氢酶氧化成一元酸。生成的一元酸有两种代谢途径：一种是一元酸被 ω-氧化成 ω 羟基酸，催化 ω-氧化的酶和催化 α-氧化的酶相同，然后再被氧化为二元酸；另一种是一元酸也可以进入微体内进行 β-氧化。ω-氧化和 β-氧化能力决定了产品流量走向。二元酸生产的菌株进行 β-氧化的酶活性较低，仅有一小部分一元酸进入微体进行 β-氧化，大部分一元酸继续被微粒体中的细胞色素 P450 酶系统经 ω-氧化形成二元酸。当然生成的二元酸也可以进入微体中进行 β-氧化[147]。

α-氧化和 ω-氧化发生在微粒体（或内质网）中，其底物和反应产物在细胞质中；脂肪酸的 β-氧化发生在微体内，而不是在线粒体基质中。一元酸或二元酸在进入微体之前必须进行活化，催化这个反应的酶是脂酰 CoA 合成酶，此酶位于微体的膜上或内质网表面。酵母细胞内，无论是脂肪酸分子还是经活化的脂酰 CoA，都不能跨过微体的单层膜，必须有肉毒碱脂酰转移酶的参与。另外 β-氧化过程中产生的乙酰有两种去向，第一，乙酰 CoA 通过微体膜内侧的肉毒碱脂酰转移酶转化成乙酰 CoA 肉毒碱，跨过微体膜和线粒体膜进入线粒体的基质中，从而进入三羧酸循环；第二，乙酰 CoA 也可以通过以醛酸循环进入生糖体系。

从壬二酸的生物合成途径可看出，热带假丝酵母转化烷烃生成中长链二元酸的代谢过程中，烷烃被吸收进入细胞后首先被细胞色素 P450 酶氧化成 α-一元酸，接着 α-一元酸经过同样的酶催化、ω-氧化被氧化生成目标产物 α，ω-二元酸。此外，α-氧化、ω-氧化过程中生成的一元醇和一元酸都能被肉毒酰转移酶转移进入微体中经过 β-氧化而代谢消耗掉。为了促使热带假丝酵母体内积累壬二酸，必须抑制 β-氧化，并加强菌体的 α-、ω-氧化。催化菌体的 α-、ω-氧化的酶均是由细胞色素 P450 酶和羟基化酶组成的复合酶,而细胞色素 P450 酶可以经诱导产生。因而高产菌株必须满足两个条件:第一,菌株的 α-、ω-氧化能力强,在碳水化合物中生长良好、产酸高;第二,菌株的 β-氧化能力相对较弱,难以利用烷烃或同化烷烃生长,对中间代谢物和产物降解能力差。

热带假丝酵母氧化正构烷烃产生二元酸的过程有两个特点:一是菌体同化底物进行生长和繁殖细胞;二是碳水化合物是水溶性的,而烷烃为非水溶性的,要使烷烃在发酵液中分散均匀,需要添加乳化剂或表面活性剂,使烷烃油滴亚微粒化更易被生物吸收。所以提高壬二酸的产量,必须控制合适的发酵条件,如培养基成分、培养温度、发酵液 pH 及微生物细胞浓度等。于平[147]利用壬二酸高产菌株热带假丝酵母 TSW-35 在壬二酸的发酵过程中发现,通风量、尿素浓度、烷烃浓度、培养基的 pH、培养温度等对壬二酸的产量影响显著,在采用挡板式三角瓶的条件下,优化发酵培养基,得出最佳培养基配方:蔗糖 3%、尿素 0.14%、九碳烷烃 15%;其最佳发酵工艺为发酵过程中控制 pH 7.5~8.0、培养温度 31℃、种子种龄 42~44 h、接种量 15%,此时,壬二酸的产量达 50.0 g/L。发酵过程中小分子效应物对壬二酸产量具有较大的影响,苯巴比妥与烷烃一样能诱导 P450 酶的产生;丙烯酸和乙酸钠均能抑制菌体的 β-氧化;添加吐温 80 或回收烷烃有利于菌体吸收和转化烷烃;在发酵后期添加蔗糖或补加烷烃有利于菌体生物转化产生壬二酸。在发酵培养基中添加 0.1%丙烯酸、发酵 48 h 后补加 1.0%的蔗糖和 0.5%的烷烃,继续发酵到终止,壬二酸产量达到 62.0 g/L[148]。

Otte 等构建了工程化大肠杆菌,能将亚油酸静息细胞催化合成壬二酸,在大肠杆菌中表达脂氧根酶(lipoxygenase,St-LOX1)和过氧化氢溶解酶(hydroperoxide lyase,Cs-9/13HPL),并结合菌株自身的氧化还原酶(oxidoreductase),将亚油酸三步催化成壬二酸,通过 8 h 催化生产可以获得 29 mg/L 的壬二酸,底物转化率为 34%[146]。

2.4.4　壬二酸的分离纯化

发酵液中的壬二酸必须经过分离纯化才能得到纯品,成为重要的化工原料。发酵液中的主要成分除了壬二酸外,还有水分、菌体细胞、菌体碎片、残余烷烃、无机离子、色素、残余蔗糖、蛋白质、核酸等,所以必须将壬二酸中其他杂质分离出来。据报道,随着碳数的增加,二元酸在水中的溶解度相应降低,同一种二元酸,随温度升高,其溶解度也相应增大。各种二元酸在多种有机溶剂如醚类、醇类中的溶解度都比较大,根据上述性质,从发酵液中分离纯化壬二酸的方法,目前用得较多的是水沉淀结晶法和溶剂处理法[149]。

1. 水沉淀结晶法

一般是通过离心或板框压滤方法除去发酵液中的菌体，滤液用浓盐酸或硫酸酸化结晶，沉淀分离，并溶解在碱性热水或乙醇中，加活性炭脱色，过滤除去活性炭和杂质，再进行酸化、冷却，出现壬二酸结晶分离烘干得成品。也可以在二元酸发酵液中加入 NaOH 调节 pH 至 11~12，加热至 90℃，除去菌体后，加入 KCl 或 NaCl，室温下冷却，析出二元酸晶体，将结晶再溶于 80℃ 热水中，用 HCl 酸化，冷却结晶，分离结晶得到白色壬二酸成品。水沉淀结晶法的缺点是壬二酸在水中溶解度小，晶型、颗粒较差；优点是无毒性，不必防火、防爆、防毒，工业化生产成本低。[147]

2. 溶剂处理法

发酵液用浓盐酸酸化至 pH 2.0，进行压滤，滤饼（含二元酸和菌体）溶于甲基异丁酮，加活性炭脱色后，压滤除去菌体和活性炭，滤液放置冷却结晶，分离结晶得到白色壬二酸成品。溶剂处理法的缺点是有机溶剂易燃、易挥发、有毒，后处理必须有防火、防爆、防毒装置，且有机溶剂较贵；优点是晶型好，晶体颗粒大，易于分离。[150]

2.4.5　壬二酸的国内外生产现状

当前，全球范围内的壬二酸主要生产厂家包括 Emery Oleochemicals、MatricaSpA、禾大西普化学（四川）有限公司、南通恒兴电子材料有限公司、山东柯林维尔化工股份有限公司、森萱、Basf、湖北拓楚慷元医药有限公司等。

Emery Oleochemicals 是世界上最大的壬二酸生产商。该公司采用棕榈/棕榈油、椰子油或牛脂等为原料，采用专有的臭氧分解-氧化工艺生产，被公认为环境友好型大规模工业化生产方式。

近年来，我国在技术引进和消化吸收的基础上，在油酸制备壬二酸的氧化剂选择方面进行了大量研究。当前，青岛科技大学、辽宁石油化工大学、中国科学院兰州化学物理研究所等多家单位在油酸制备壬二酸的工艺优化上取得了重大突破。其中，油酸臭氧氧化法是目前国内唯一的工业化生产方法，由美国的 Emery 开发。但是现有方法存在收率低、成本高、污染严重等问题，也促使我国科学家开发以油酸为原料用过氧化氢氧化制备壬二酸的工艺，其工艺具有生产成本低、产品收率高、清洁环保等优点，不仅填补了国内壬二酸产能的不足，而且推动了我国油酸制备壬二酸自主研发技术的发展。

2.5　生物基癸二酸

2.5.1　癸二酸简介

癸二酸（decanedioic acid，DA），又名正癸二酸、1, 10-癸二酸、1, 8-辛二甲酸、皮脂酸（sebacic acid），分子结构式为 $HOOC(CH_2)_8COOH$。癸二酸属于直链脂肪族中长链二元酸，存在于多种烟叶中。目前，世界上癸二酸的年生产能力约为 15 万 t，年总产值超过 6 亿美元，其中中国占据了全球 70% 的生产能力。

癸二酸是重要的精细化工原料，广泛应用于制造耐寒增塑剂，如癸二酸二甲酯、癸二酸二丁酯、癸二酸二正己酯、癸二酸二辛酯、癸二酸二乙酯、癸二酸二异辛酯和癸二酸二异癸酯等；也是生产尼龙 910、尼龙 610、尼龙 810、尼龙 1010 和尼龙 9 等优质工程塑料的主要原料，还可用来制造高温润滑油二乙酸己酯和环氧树脂固化剂癸二酸酐，以及用于医药行业的可降解聚酯[151]。

2.5.2　化学法制备癸二酸

癸二酸的制备方法很多，如裂解法、合成法及水解法等，生产原料分别为蓖麻油、己二酸、丁二烯和萘等。我国是继印度之后的第二大蓖麻油生产国，使用蓖麻油裂解法制造癸二酸，具备原料优势，也是我国采用最普遍的方法。用蓖麻油为原料制造癸二酸[152]，其副产品脂肪酸可用于合成润滑脂、润滑剂和表面活性剂等，故其工业应用广泛，发展前景非常乐观。

以蓖麻油为底物，通过催化水解或加碱皂化生成蓖麻油酸，然后以苯酚或甲酚作稀释剂于 260～280℃加碱裂解，经酸化等纯化处理后得到目标产物癸二酸[153]。癸二酸的蓖麻油裂解生产过程分为水解、裂化、中和、脱色、酸化、水洗、脱水及干燥 8 个步骤。

传统的癸二酸生产工艺普遍回收率较低（30%～40%），生产周期长，且工艺流程复杂，而且在制造过程中使用有毒的苯（甲）酚等作为稀释剂，最后产生大量含酚废水，往往会造成酚污染和设备腐蚀等问题。另外，其反应和纯化的过程中使用大量酸碱，也会造成设备腐蚀。为了改善这些缺陷，科研人员针对裂解工艺进行了深度研究。

固相碱裂制备癸二酸工艺在 20 世纪 70 年代实现了工业化生产，该工艺可在常压下制取癸二酸，且不必使用苯（甲）酚作稀释剂。与另外两种癸二酸的主要生产工艺即加压工艺和稀释剂工艺相比，固相碱裂工艺大大减少了酚污染且节省了成本。首先将 40%碱液加入皂化釜中，并保持温度在 150℃下在釜中完成蓖麻油皂化，然后将皂化后的物料放入造粒盘中冷却固化、切片，再将皂块加入碱裂塔中进行碱裂反应，最后经提纯得到癸二酸。最佳工艺条件是质量投料比 NaOH：蓖麻油 = 0.35：1.00，在 300～320℃下进行碱裂反应 3 h。与此同时，还对中和及酸化两个步骤的终点进行了电位滴定考察，确定中和的最佳终点 pH 为 6.4，而酸化的最佳终点 pH 为 3，在此最佳工艺下癸二酸的回收率达到 68.4%～74.6%[154]。

　　传统的癸二酸生产工艺由于使用苯（甲）酚作裂解稀释剂，会造成酚污染等问题。以石蜡油为裂解稀释剂的催化碱裂工艺中用 Pb_3O_4 作为裂解催化剂。将石蜡油和 50% NaOH 溶液按一定配比混合后加入反应器，搅拌使碱均匀分布后加热除水，然后升温到 240℃，再加入催化剂和蓖麻油在充分搅拌下反应 5 h 左右，最后得到癸二酸和仲辛醇。最佳工艺条件是质量投料比 m（NaOH）：m（稀释剂）= 1：3.5，m（蓖麻油）：m（稀释剂）= 1：1.7～1：2，m（NaOH）：m（蓖麻油）= 0.86：1，反应温度 300℃，反应时间 5～6 h，催化剂 Pb_3O_4 的加入量约为蓖麻油质量用量的 1%，该工艺下癸二酸的平均收率达到 78%，纯度达 99.3%[155]。

　　微波辅助工艺是近年来发展起来的一种新的强化手段，尽管在有机合成的应用中还存在着一定的问题如反应物的量会受载体的影响、载体选择有一定难度等，但是与传统的加热相比，微波合成具有使反应的活化能降低、反应效率高、能耗低、清洁环保等优点。Azcan 等开发了微波感应碱熔法以制取癸二酸及其副产品 2-辛醇和 2-辛酮，以 Pb_3O_4 为催化剂，在不同的 NaOH/蓖麻油投料比、温度、反应时间下，得到的癸二酸产率在 9.1%～76.2%。方法是先将 NaOH 和蓖麻油按一定比例混合，待蓖麻油完全皂化为蓖麻油酸钠盐后再利用微波加热，最后得到产物。该法的最佳反应条件是：质量投料比 m（NaOH）：m（蓖麻油）= 14：15，反应温度为 240℃，反应时间为 20 min，癸二酸产率为 76.2%，纯度为 98.7%[156]。

　　总之，微波辅助加热制备癸二酸的反应时间与传统方法相比，反应时间从 5 h 大幅度下降到 20 min，而且工艺过程非常简单便捷。除此之外，该法没有使用有毒的苯（甲）酚作稀释剂，与传统工艺相比大大减少了制备过程中的环境污染和设备腐蚀问题。固相碱裂和 Pb_3O_4 催化碱裂工艺虽然也具有一定的优势，但它们在工艺过程、反应时间、能源消耗等方面与微波感应碱熔法相比还是有所不如。由此可见，微波辅助裂解工艺将会因其工艺简单、反应时间短、能耗低、产率高等优点拥有相当广阔的发展前景。

2.5.3　生物法制备癸二酸

　　生物法制备癸二酸主要是以正癸烷为原料，采用微生物胞内的 α，ω-氧化途径生成癸二酸。以油脂为原料的人工合成途径也有报道，但是产量较低，不能替代 α, ω-氧化途径[157, 158]。并且，相对于化学法制备癸二酸，生物法制备癸二酸的产量和产能严重不足。

1）解脂假丝酵母生产癸二酸

20 世纪 70 年代，辽宁省林业土壤研究所从吉林省扶余油田土壤中分离出来一株能产生癸二酸的解脂假丝酵母（*Candida lipolytica*）菌株。经诱变、摇瓶培养条件试验，该诱变菌株能直接利用正癸烷产生大量癸二酸，摇瓶发酵中，在正癸烷、尿素、磷酸二氢钾、玉米浆和乙酸钠组成的培养基上，可以氧化正癸烷产生癸二酸。发酵 96 h 左右，投油比 10%（*V/V*），发酵液中癸二酸含量为 32~40 g/L，对正癸烷收率为 43%~55%[159, 160]。正癸烷形成癸二酸的过程中的中间产物癸酸能显著抑制热带假丝酵母的催化活性，Lee 等通过直接进化获得了耐癸酸的突变株，转化率增加了 28%，发酵 54 h，癸二酸产量达到 34.5 g/L，生产强度为 0.64 g/(L·h)[161]。

2）人工途径催化生产癸二酸

Otte 等研发了从头设计的人工酶生产癸二酸的生物路径，从蓖麻油酸开始生物合成癸二酸，如图 2.9 所示。首先通过醇脱氢酶 ADH-102 的作用将蓖麻油酸脱氢氧化成 12-氧代油酸，经过 Em-OAH1 作用，在第十位上加上羟基，后经人工设计的 RA110.4 通过 40 h 的反应生成 10-氧代癸酸，最后通过 RA110.4 与 ALDH 蛋白共同作用，加氧生成癸二酸。与此同时，40 h 的反应步骤也可通过对 Em-OAH1 作用后的 10-羟基-12-氧代硬脂酸直接进行 RA110.4 和 ALDH 处理，一步生成癸二酸来代替，反应时间缩短为 26 h，收率为 10%[157]。

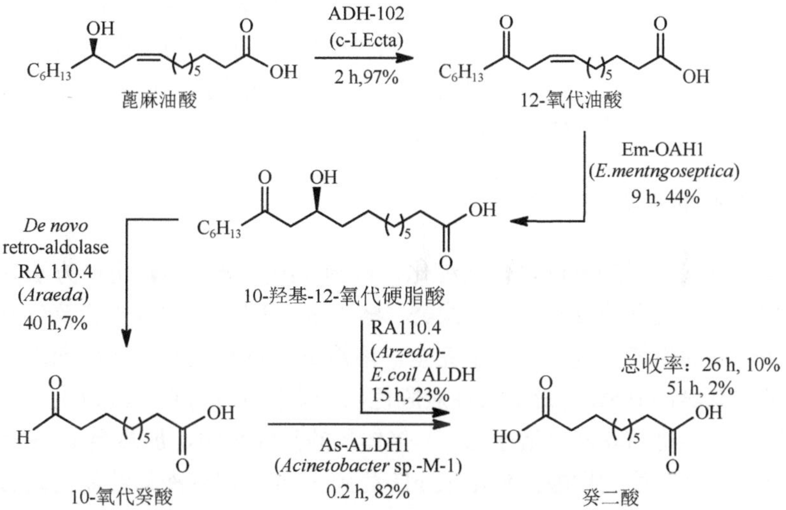

图 2.9　蓖麻油酸生物合成癸二酸人工设计合成途径

2.5.4　癸二酸的分离纯化

生物法合成癸二酸的产业化鲜有报道，现在的癸二酸主流生产方式是化学法合成生物基癸二酸，合成原料主要是蓖麻油等。因此，癸二酸的分离纯化的研究主要为化学法合成的生物基癸二酸。目前癸二酸的分离纯化方法主要是萃取法、脲提纯法、氨气和甲酸提纯法[162]。

1. 萃取法[163]

萃取法是使用脂肪族酮类、芳香族酮类和带有负电基团的二羟基胺等有机溶剂对癸二酸酯进行萃取，然后进行分离、结晶或蒸馏，精制癸二酸。萃取操作时，需要先将待处理液中的癸二酸加醇反应生成癸二酸酯，然后将癸二酸酯提取出来，所得癸二酸酯经水解等进一步处理，生成纯度较高的癸二酸。但是此方法由于需要相分离和再结晶，从而降低了效率和纯度。

2. 脲提纯法[164]

脲提纯癸二酸的原理是利用癸二酸与脲生成的络合物的物性和杂质的物性的区别，使之分离，然后再进行分解，分离出癸二酸和脲，从而使癸二酸纯度提高。在反应中，为了提高得率和纯度，癸二酸与脲的摩尔比一般为 1∶5～1∶15，操作温度介于室温至 200℃，压力在 101.33～10132.50 kPa，将脲始终保持在液相中，然后将反应混合物冷却结晶析出癸二酸-脲络合物固体，加入 2～5 倍体积的水中，在 40～70℃加热并充分振荡，促使络合物分解成癸二酸和脲，脲会溶于水中而癸二酸则会析出。该方法可以较容易地精制癸二酸，操作流程简单、能耗低及反应物可重复使用，是一种比较好的精制方法。

3. 氨气和甲酸提纯法[165]

高纯度氨气和甲酸也可以分离纯化，得到高纯度癸二酸。生产方法为将工业级癸二酸投入带夹套的反应釜中，按癸二酸∶水 = 1∶1～1∶3 加入高纯水，搅匀后通入净化后的高纯氨气，反应至完全，溶液 pH 为 8 左右。然后向溶液中加入原料质量的 0.2%～0.5%的粉状活性炭脱色，冷却结晶后离心过滤得到癸二酸铵盐的结晶固体。再将结晶固体溶于 2～3 倍体积的高纯水中，加热至 60～80℃，并在搅拌下加入高纯度的甲酸，使溶液 pH 达到 3～4。然后冷却结晶，离心分离，再经洗涤、干燥得到高纯度的癸二酸成品。此方法设备要求不高、投资少、操作简单、安全性高，是一种较好的提纯方法，但要求高纯度试剂。

癸二酸发酵液的分离纯化过程与壬二酸发酵液相似，一般是除菌体后进行酸化结晶，之后水洗至中性即得结晶产品。

2.5.5　癸二酸的国内外生产现状

早在 1995 年，我国癸二酸的生产能力已约达 3 万 t。当前，中国是世界上最主要的癸二酸生产国家，生产能力约占全球总生产能力的 70% 以上。从全球范围的癸二酸的市场规模看，中国仍然属于世界前列，而且持续增长。据报道，在美国的癸二酸的市场上，从中国进口的癸二酸已占据美国进口癸二酸总量的 63%，癸二酸已成为我国的重要出口产品。

目前，美国仅有 Genesis 公司生产癸二酸。该公司于 1999 年与中国蓖麻油衍生物生产厂商合作，建立了合资企业，在华北从生产蓖麻油籽开始，直到生产蓖麻油基的各种化工原料，进而生产润滑剂、水处理剂、洗涤剂、消毒剂、涂料、黏结剂和食品香料等，在 2003 年第一季度建成癸二酸及其衍生物的生产装置。

河北凯德生物材料有限公司年产 4 万 t 以上癸二酸、8000t 以上的癸二酸酯系列产品。河北衡水京华化工厂在 2001 年投资 6000 万元建起一条年生产能力达 1.5 万 t 的癸二酸生产线，其生产规模、生产工艺、产品质量都居全国同行前列；2008 年投资 2.42 亿元建设的第二条癸二酸生产线已顺利投产，产品 70% 以上用于出口。

虽然国内生产的癸二酸具有价格优势，但是以天然产物蓖麻油为原料，不可避免地会引入杂质，在产品质量上并不具有优势，这是目前国内癸二酸生产中亟待解决的问题。生物法合成癸二酸由于产量较低和成本较高，还没有产业化的报道，这是未来的重要研究方向。

2.6　长链二元酸

2.6.1　长链二元酸简介

长链二元酸（long chain dicarboxylic acid，DC_n），是指碳链中含有 10 个以上碳原子的直链脂肪族二羧酸，其分子结构通式为 $HOOC(CH_2)_nCOOH$（$n = 9 \sim 16$），研究较多的主要包括十二碳二元酸（1, 12-dodecanedioic acid，DC_{12}）、十三碳二元酸（1, 11-undecanedicarboxylic acid，DC_{13}）、十四碳二元酸（1, 12- dodeca-nedicarboxylic acid，DC_{14}）、十五碳二元酸（1, 15-pentadecanedioic acid，DC_{15}）和十六碳二元酸（hexadecanedioic acid，DC_{16}），链段中含有长烷烃链段，性能优于中短链二元酸，合成材料具有更优越的性能，是一类用途广泛的重要精细化工产品，能用于合成高级香料、高性能尼龙工程塑料、高档尼龙热熔胶、高温电介质、高级油漆和涂料、高级润滑油、耐寒性增塑剂、医药和农药等[166, 167]。

长链二元酸合成的一系列双号码长碳链尼龙，如尼龙 1111、尼龙 1112、尼龙 1212、尼龙 1213、尼龙 1313、尼龙 1314、尼龙 1414、尼龙 612 和尼龙 614 等，具有良好的耐腐蚀性能，绝缘性好和柔韧性强，能制造各种精密零部件、降落伞绳索和纤维护套等，在航天、航空、汽车、化工、轮胎、船舶、建筑、电子、电器和信息领域具有广泛应用，能显著减轻重量和降低能耗[168, 169]。

2.6.2 生物法制备长链二元酸

发酵法生产长链二元酸以石油资源烷烃为原料，利用微生物胞内特有的氧化能力和胞内酶的作用，在常温常压下分别氧化长链正烷烃两端的两个甲基，一步加上四个氧原子，生成相应链长的各种长链二元酸，克服了单纯的化学合成方法以及植物油裂解制取方法的不足，生产工艺简单、生产条件温和，整个生产过程在常温、常压下进行，规模大，收率高，成本低，尤其是不造成环境污染，是一种环境友好的绿色化学产业，为长链二元酸的大量生产开辟了新的途径[170]。

已知利用脂肪族正烷烃生长的酵母菌属有：假丝酵母属、隐球酵母属（*Cryptocnecrcs*）、内孢霉属（*Mucoraceae*）、汉逊氏酵母属（*Hansenula anomala*）、毕赤氏酵母属（*Pichia pastoris*）、红酵母属（*Rhodotorula*）、球拟酵母属（*Torulopsis*）、酵母属（*Saceharomycetaceae*）、吉利蒙假丝酵母（*Candida guilliermondii*）、毛孢子菌（*Trichosporon cutaneum*）、酒香酵母属（*Brettanomyces*）、解脂假丝酵母、掷孢酵母属（*Sporobolomyces*）、山梨拟威克酵母（*Wickerhamiella sorbophila*）、白地霉（*Geotrichum candidum*）和娄德酵母属（*Lodderomyces*）等。其中，假丝酵母属的酵母菌是正烷烃发酵生产二元酸的高产微生物，主要的假丝酵母属微生物包括热带假丝酵母、解脂假丝酵母和维斯假丝酵母（*Candida viswanathii*）[171-173]。热带假丝酵母生产长链二元酸的发酵过程分为菌体生长期和产酸期两大阶段。在菌体生长期，菌体主要利用糖类等碳源进行增殖以获得大量菌体，烷烃仅作为诱导剂，诱导代谢途径的各种酶；产酸期发酵液中糖含量很低，菌体保持稳定，菌体代谢烷烃形成发酵产物长链二元酸。在菌体转化烷烃生成长链二元酸的代谢过程中，烷烃被吸收进入细胞后，首先在微粒体中被细胞色素 P450 酶和细胞色素还原酶 α-氧化生成 α-一元醇，α-一元醇被醇氧化酶和醛脱氢酶催化氧化成 α-一元酸。之后，α-一元酸在相同酶系的催化下经过 ω-氧化生成目的产物二元酸。但是，在 α、ω-氧化过程中生成的一元酸和二元酸都能被肉毒碱酯酰转移酶转移进入微体中经过 β-氧化而代谢消耗掉。所以 α、ω-氧化是一个需要强化的代谢途径，而 β-氧化是需要削弱的代谢途径。

培养基和培养条件是促进长链二元酸积累的重要因素。热带假丝酵母菌体生长期的 pH 应为 3~5，而产酸期的 pH 应为 6.5~7.5，产酸期维持在中性偏碱的环境，有利于 ω-氧化而抑制 β-氧化。任刚和陈远童[174]认为偏碱性环境有利于长链二元酸的积累，OH⁻能中和二元酸中的 H⁺使胞内外 H⁺浓度梯度加大，从而使二元酸加速通过细胞膜而运送到胞外，减少二元酸在胞内的累积性抑制。添加适量的吐温 60 和青霉素，可增强细胞膜的通透性而不影响细胞活力，使底物正烷烃和产物长链二元酸能更快地通过细胞膜而加快产酸的进程。碳源糖类如葡萄糖、乳糖、木糖和麦芽糖等均能对 β-氧化具有抑制作用从而提高二元酸的产量。尿素在低浓度时可以促进二元酸生产，但在高浓度时，尿素增强了菌体的 β-氧化能力，使二元酸的积累降低。丙氨酸对菌体内三羧酸循环、过氧化氢酶和谷氨酸脱氢酶活力也有明显影响[175]。野生型单倍体菌株 *Candida sorbophila* DS02 作为新发现的长链二元酸合成菌株，具有比野生型热带假丝酵母和解脂假丝酵母更好的底物抗性，补料分批发酵可产生 9.87 g/L 的十二碳二元酸，优于野生型热带假丝酵母。添加产酸促进剂能促进产酸过程，添加维生素 B_2、丝氨酸、维生素 B_1 和脯氨酸能明显促进十二碳二元酸产量[176, 177]。培养条件影响长链二元酸的合成，蔗糖浓度显著地影响热带假丝酵母菌体生长，其最适浓度为 0.3%；尿素和丙烯酸的浓度显著地影响十三碳二元酸的产量，尿素和丙烯酸的最适浓度为 0.14% 和 0.10%，十三碳二元酸的产量为 71.50 g/L[178, 179]。王丽菊等采用均匀设计法优化培养基，十五碳二元酸的产量增加到 29.54 g/L[180]。诱变育种能显著提高十五碳二元酸产量，陈远童等采用紫外线和亚硝酸复合诱变育种，获得了高产量的热带假丝酵母突变株，十五碳二元酸产量增加一倍以上[181]。陈远童等以正十六烷为材料，发现适量丙烯酸的加入可以抑制二羧酸的 β-氧化，降低酵母菌对十六碳二元酸的分解，增加十六碳二元酸的积累量，但其浓度较大时就明显抑制菌体生长。在发酵初期加入烷烃，高浓度的烷烃抑制菌体的生长，为了让菌体得到快速生长，待菌体浓度达到一定水平之后再补加足量的烷烃诱导细胞色素 P450 酶系的表达，从而增加产酸量，在产酸期 24 h 和 72 h 补加蔗糖，维持菌体活力，能促进产酸，十六碳二元酸的产量达到 126.3 g/L[182]。

此外，长链二元酸发酵是典型的气-液（水相）-油（烷烃）-固（菌体）四相体系，其中油水双液相间的乳化现象增加了相间混合的复杂性[183]。同时，从长链烷烃生物氧化成含氧的长链二元酸和发酵过程中大量菌体的维持代谢，决定了二元酸发酵过程是高耗氧和高放热过程。控制培养基的氧化还原电位和溶氧水平能显著提高长链二元酸产量，Cao 等以维斯假丝酵母 ipe-1 为转化菌株，在高转速下控制培养基的氧化还原电位和维持高溶氧水平，显著增加了十二碳二元酸的产量，达到 201.3 g/L，生产强度和生产能力分别是 1.76 g/(L·h) 和 10.8 g/g生物质，是对照的 5 倍以上。麦秆水解产物能部分替代葡萄糖、木糖和阿拉伯糖等，降低发酵成本，与十二烷烃共培养可以产生 129.7 g/L 的十二碳二元酸，生产强度是

1.13 g/(L·h)[184, 185]。长链二元酸发酵要求生物反应器具有良好的流动混合性能、强化的供氧能力及换热能力。日本矿业公司采用大功率搅拌器和从发酵罐中移出部分发酵液冷却循环的方法解决 20 m³ 十三碳二元酸发酵罐中的油水混合、氧传递及热量移出问题。抚顺石油化工研究院在十三碳二元酸发酵中设计了容量为 120 L 的适合长链二元酸流加发酵的气升式环流反应器。

正烷烃来源于不可再生石油资源，不属于未来的长链二元酸生产方向。以生物基资源为原料制备长链二元酸的研究受到越来越多的重视，特别是长链脂肪酸代替正烷烃作为原料。十二酸甲酯作为十二碳二元酸的底物，采用敲除 β-氧化途径的热带假丝酵母能产生 66 g/L 的十二碳二元酸[186]。Fang 等以玉米秸秆和稻草处理后木质纤维素形成的单细胞油脂为原料，成功合成了长链二元酸，实现了从农业废弃物到长链二元酸的催化转化。不添加脂肪酸或烷烃，以葡萄糖和甘油为碳源合成长链二元酸的研究也有报道[187]。酿酒酵母是一种优良的基因操作平台，具有和假丝酵母属类似的代谢途径，Buathong 等将定向进化的 P450（rCYP52A17^SS）和 NADPH 细胞色素 P450 还原酶（NADPH cytochrome P450 reductase）基因共同表达于酿酒酵母中，可以催化十二烷酸合成 20.8 μmol/L 的十二碳二元酸[188]。Lee 等以山梨拟威克酵母为出发菌株，通过基因同源重组的方式敲除 β-氧化途径，改造菌株获得目标菌株 UHP4，以月桂酸甲酯为底物，可以产生 92.5 g/L 的十二碳二元酸，生产强度为 0.83 g/(L·h)[176]。表 2.4 总结了长链二元酸生物合成研究进展。

表 2.4　长链二元酸生物合成研究进展

菌株名称	产量/(g/L)	生产强度/[g/(L·h)]	培养工艺	参考文献
十二碳二元酸				
山梨拟威克酵母	92.5	0.83	补料分批发酵	[183]
	9.87	—	补料分批发酵	[176]
维斯假丝酵母	201.3	1.76	补料分批发酵	[184]
	129.7	1.13	补料分批发酵	[185]
热带假丝酵母	66.0	0.35	补料分批发酵	[186]
	81.63	—	摇瓶发酵	[177]
酿酒酵母	0.0047	—	摇瓶发酵	[188]
十三碳二元酸				
热带假丝酵母	99.5	—	补料分批发酵	[179]
	108.1	—	补料分批发酵	[179]
	71.5	0.73	补料分批发酵	[178]
十五碳二元酸				

菌株名称	产量/(g/L)	生产强度/[g/(L·h)]	培养工艺	参考文献
热带假丝酵母	35.8	—	补料分批发酵	[181]
	73.5	—	补料分批发酵	[181]
	29.54	—	补料分批发酵	[180]
十六碳二元酸				
热带假丝酵母	126.3	0.9	分批发酵	[182]

目前，科研工作者们建立了四种以生物基原料合成长链二元酸的途径：①反向 β-氧化途径和 ω-氧化途径；②ω-氧化途径结合脂肪酸生物合成途径；③生物素生物合成途径（只能合成奇数碳）；④非脱羧 Claisen 缩合反应，随后 β-还原反应，并结合碳链延伸终止反应。

以生物基为原料生物合成的长链二元酸的效率低于以烷烃为原料生物合成长链二元酸，且生物基原料合成长链二元酸的能耗和成本较高，分离纯化复杂，现在多集中于实验室阶段[189, 190]，因此，市场上的长链二元酸产品主要来源于烷烃为原料的微生物发酵过程。

2.6.3　长链二元酸的分离纯化

长链二元酸的生物发酵液中存在乳化剂，直接用离心和过滤的方法很难除尽菌体。结晶后产品中的菌体和蛋白质含量较高，从而导致塑料变脆和香料品质下降。因此，一般采用先离心或超滤去除菌体，然后采用析出结晶的方式获得高纯度的长链二元酸产品。

长链二元酸结晶析出方式主要是酸析出。从无菌体的滤液中用无机酸析出长链二元酸，然后用芳烃抽提再次析出长链二元酸。或者把 pH<4 的酸析液加热回流一定时间，然后冷却结晶出二元酸。也可以将二元酸发酵液碱化到 pH>10，并加入少量漂白粉抑制后发酵，进一步加入硅藻土混合均匀，压滤后的滤液加无机酸使二元酸析出，加热晶液到较高温度使晶体生长数小时，再压滤回收二元酸，并除去加入的漂白粉以免影响产品纯度。二元酸的发酵液也可以在碱性条件下静置 10 h 以上后离心除去菌体。在离心清液中加入硅藻土，再用压滤机处理得到更清的滤液。然后对清滤液酸析沉淀得到的二元酸再通过碱化溶解，并加入白土混合后压滤，其滤液再次酸析，并在回流温度进行热处理，最后回收二元酸结晶。

此外，分子蒸馏、精馏和盐析也用于长链二元酸分离纯化。采用间歇或连续精馏处理 DC$_n$ 粗酸，刮膜蒸发器去除轻组分，进而在低真空度、温度 180～240℃条件下使用短程蒸馏脱除重组分，蒸馏过程中物料呈熔融状态，获得的产品纯度高、热稳定性好。分子蒸馏适合于热敏感和难挥发的产品,在温度 180℃、压力 30 Pa 和流速 700 mL/L 下,可以将 91.40% 的十二碳二元酸纯化到 97.55%。盐析法是在破乳、过滤除菌后的发酵液中加入一定浓度的 KCl 或 NaCl 等无机盐,使二元酸盐晶体析出,将二元酸盐溶于热水中,再经过酸化、过滤、干燥获得 DC$_n$ 产品[191, 192]。但盐析法会沉淀发酵料液中的蛋白、多肽等生物大分子,无机盐离子、色素等杂质也会随结晶的析出而包埋于晶体内部,降低产品纯度。

2.6.4　长链二元酸的国内外生产现状

长链二元酸应用开发研究中,中国和日本处于国际领先地位。日本的研究单位主要有:日本能源公司、矿业公司、三井石化工业公司等。中国的研究单位主要有:中国科学院上海植物生理生态研究所、中国科学院微生物研究所、中国科学院沈阳应用生态研究所、江南大学、清华大学和中国石油化工股份有限公司抚顺石油化工研究院等。

日本首先实现工业化,日本矿业公司 1982 年开始以 100 t/a 的规模生产十三碳二元酸,并于 1985 年产量达 200 t/a,但是 2001 年已经停产。在中国,至 2020 年,较大规模工业化生产长链二元酸的公司有 10 个左右,如山东省淄博广通化工有限责任公司、上海凯赛生物技术股份有限公司、江苏清江石油化工有限公司、江苏达成生物科技有限公司、山东瀚霖生物技术有限公司等[193]。

1997 年,山东省淄博广通化工有限责任公司建成了年产 300 t 二元酸、200 t 尼龙工程塑料和 500 t 新型尼龙热熔胶生产线,该公司以十二碳二元酸为原料合成的尼龙 1212 的主要性能都优于目前进口的尼龙 11 和尼龙 12,生产的新型尼龙热熔胶与德国生产的 H104 热熔胶性能相当。上海凯赛生物技术股份有限公司于 2002 年年底在山东济宁地区建成一座年产 7000 t 长链二元酸的发酵工厂,于 2003 年 8 月正式投产,该工厂成为当时国际上石油发酵生产二元酸规模最大的发酵工厂,产品质量好,远销欧美等地。2006 年产量达到 8000 多 t,2007 年完成二期工程建设,生产能力扩大到 1.8 万 t/a,并持续进行长链二元酸产品的研究开发[194-196]。

2.7　总结与展望

微生物发酵生产直链二元羧酸研究的成功和工业化生产,解决了用纯化学方法难以合成的问题,开辟了二元酸的新来源,为尼龙工程塑料、热熔胶、涂料和香料等十几大类高档产品的化学合成提供了丰富的原材料,推动这些产业及相关行业的发展和技术创新,将创造出几十至几百种具有中国自主知识产权的新产品,将在我国逐渐形成具有独立特征的产业链和精细化工产品树，从而在航天航空、汽车、轮船、轮胎、建筑、纺织、服装、电子、化工、电器、信息领域以及人民日常生活中广泛地应用，对我国综合国力的提升产生巨大和深远影响，使我国在激烈的国际竞争中占有一席之地。除了上面提到的直链二元羧酸外，其他具有特殊价值的直链二元羧酸的生物合成也吸引了越来越多的关注，如戊二酸（glutaric acid）[197]和庚二酸（pimelic acid）[198]等。

杜邦、汉高、拜尔、德固赛、阿托、汽巴等十几家世界 500 强企业近几年来都纷纷转向中国，购买生物合成法工业化生产的直链二元酸产品，用于合成高性能尼龙工程塑料、高级麝香香料、油漆、涂料和润滑油、高温电介质、医药中间体和农药等，其需求量与日俱增。许多有实力和远见的公司都看好直链二元酸生物合成这一高新技术产业及其相关行业，未来具有广阔的发展前景。

参 考 文 献

[1] Cheng K K, Zhao X B, Zeng J, et al. Biotechnological production of succinic acid: current state and perspectives. Biofuel Bioprod Bior, 2012, 6: 302-318.

[2] Lang A, Kopetz H, Parker A. Biomass energy holds big promise. Nature, 2012, 488: 590-591.

[3] 张洪勋, 罗海峰, 庄绪亮. 琥珀酸发酵研究进展. 微生物学通报, 2003, 30: 102-106.

[4] Kamm B, Kamm M. Principles of biorefineries. Appl Microbiol Biot, 2004, 64: 137-145.

[5] Guettler M V, Rumler D, Jain M K. *Actinobacillus succinogenes* sp. nov., a novel succinic-acid-producing strain from the bovine rumen. Int J Syst Bacteriol, 1999, 49: 207-216.

[6] Beauprez J J, De Mey M, Soetaert W K. Microbial succinic acid production: Natural versus metabolic engineered producers. Process Biochem, 2010, 45: 1103-1114.

[7] Zheng P, Zhang K K, Yan Q, et al. Enhanced succinic acid production by *Actinobacillus succinogenes* after genome shuffling. J Ind Microbiol Biot, 2013, 40: 831-840.

[8] Hu S M, You Y, Xia F F, et al. Genome shuffling improved acid-tolerance and succinic acid production of *Actinobacillus succinogenes*. Food Sci Biotechnol, 2019, 28: 817-822.

[9] Lee P C, Lee S Y, Hong S H, et al. Isolation and characterization of a new succinic acid-producing bacterium, *Mannheimia succiniciproducens* MBEL55E, from bovine rumen. Appl Microbiol Biot, 2002, 58: 663-668.

[10] Song H, Lee S Y. Production of succinic acid by bacterial fermentation. Enzyme Microb Tech, 2006, 39: 352-361.

[11] 王庆昭, 赵学明. 琥珀酸发酵菌种研究进展. 生物工程学报, 2007, 23: 570-576.

[12] Lee P C, Lee W G, Kwon S, et al. Succinic acid production by *Anaerobiospirillum succiniciproducens*: effects of the H$_2$/CO$_2$ supply and glucose concentration. Enzyme Microb Tech, 1999, 24: 549-554.

[13] Lee S J, Song H, Lee S Y. Genome-based metabolic engineering of *Mannheimia succiniciproducens* for succinic acid production. Appl Environ Microb, 2006, 72: 1939-1948.

[14] Lee S Y, Lim S W, Song H. Novel engineered microorganism producing homo-succinic acid and method for preparing succinic acid using the same: EP2054502B1. 2014-01-25.

[15] Choi S, Song H, Lim S W, et al. Highly selective production of succinic acid by metabolically engineered *Mannheimia succiniciproducens* and its efficient purification. Biotechnol Bioeng, 2016, 113: 2168-2177.

[16]　Ahn J H, Bang J, Kim W J, et al. Formic acid as a secondary substrate for succinic acid production by metabolically engineered *Mannheimia succiniciproducens*. Biotechnol Bioeng, 2017, 114: 2837-2847.

[17]　Ahn J H, Lee J A, Bang J, et al. Membrane engineering via *trans*-unsaturated fatty acids production improves succinic acid production in *Mannheimia succiniciproducens*. J Ind Microbiol Biot, 2018, 45: 555-566.

[18]　Ahn J H, Seo H, Park W, et al. Enhanced succinic acid production by *Mannheimia* employing optimal malate dehydrogenase. Nat Commun, 2020, 11 (1).

[19]　Goldberg I, Lonberg-Holm K, Bagley E A, et al. Improved conversion of fumarate to succinate by *Escherichia coli* strains amplified for fumarate reductase. Appl Environ Microb, 1983, 45: 1838-1847.

[20]　Gokarn R R, Eiteman M A, Altman E. Expression of pyruvate carboxylase enhances succinate production in *Escherichia coli* without affecting glucose uptake. Biotechnol Lett, 1998, 20: 795-798.

[21]　Liang L, Liu R M, Ma J F, et al. Increased production of succinic acid in *Escherichia coli* by overexpression of malate dehydrogenase. Biotechnol Lett, 2011, 33: 2439-2444.

[22]　Ahn J H, Jang Y, Lee S Y. Production of succinic acid by metabolically engineered microorganisms. Curr Opin Biotech, 2016, 42: 54-66.

[23]　Liu R M, Liang L Y, Chen K Q, et al. Fermentation of xylose to succinate by enhancement of ATP supply in metabolically engineered *Escherichia coli*. Appl Microbiol Biot, 2012, 94: 959-968.

[24]　Zhang X L, Shanmugam K T, Ingram L O. Fermentation of glycerol to succinate by metabolically engineered strains of *Escherichia coli*. Appl Environ Microb, 2010, 76: 2397-2401.

[25]　Chatterjee R, Millard C S, Champion K, et al. Mutation of the *ptsC* gene results in increased production of succinate in fermentation of glucose by *Escherichia coli*. Appl Environ Microb, 2001, 67: 148-154.

[26]　Andersson C, Hodge D, Berglund K A, et al. Effect of different carbon sources on the production of succinic acid using metabolically engineered *Escherichia coli*. Biotechnol Progr, 2007, 23: 381-388.

[27]　Jantama K, Haupt M J, Svoronos S A, et al. Combining metabolic engineering and metabolic evolution to develop nonrecombinant strains of *Escherichia coli* C that produce succinate and malate. Biotechnol Bioeng, 2008, 99: 1140-1153.

[28]　Jantama K, Zhang X, Moore J C, et al. Eliminating side products and increasing succinate yields in engineered strains of *Escherichia coli* C. Biotechnol Bioeng, 2008, 101: 881-893.

[29]　Sánchez A M, Bennett G N, San K Y. Novel pathway engineering design of the anaerobic central metabolic pathway in *Escherichia coli* to increase succinate yield and productivity. Metab Eng, 2005, 7: 229-239.

[30]　Lin H, Bennett G N, San K Y. Metabolic engineering of aerobic succinate prod-action systems in *Escherichia coli* to improve process productivity and achieve the maximum theoretical succinate yield. Metab Eng, 2005, 7: 116-127.

[31]　Lin H, Bennett G N, San K Y. Chemostat culture characterization of *Escherichia coli* mutant strains metabolically engineered for aerobic succinate production: A study of the modified metabolic network based on metabolite profile, enzyme activity, and gene expression profile. Metab Eng, 2005, 7: 337-352.

[32]　Balzer G J, Thakker C, Bennett G N, et al. Metabolic engineering of *Escherichia coli* to minimize by product formate and improving succinate productivity through increasing NADH availability by heterologous expression of NAD (+) -dependent formate dehydrogenase. Metab Eng, 2013, 20: 1-8.

[33]　Zhu L W, Xia S T, Wei L N, et al. Enhancing succinic acid biosynthesis in *Escherichia coli* by engineering its global transcription factor, catabolite repressor/activator (Cra). Sci Rep-UK, 2016, 6: 36526.

[34]　刘嵘明, 梁丽亚, 吴明科, 等. 微生物发酵生产丁二酸研究进展. 生物工程学报, 2013, 29: 1386-1397.

[35] 刘嵘明，马江锋，梁丽亚，等. 过量表达烟酸转磷酸核糖激酶对大肠杆菌 NZN111 产丁二酸的影响. 生物工程学报，2011，27：1438-1447.

[36] Ma J F, Gou D M, Liang L Y, et al. Enhancement of succinate production by metabolically engineered *Escherichia coli* with co-expression of nicotinic acid phosphoribosyltransferase and pyruvate carboxylase. Appl Microbiol Biot，2013，97：6739-6747.

[37] Dominguez H, Nezondet C, Lindley N D, et al. Modified carbon flux during oxygen limited groeth of *Corynebacterium glutamicun* and the consequences for amino-acid overproduction. Biotechnol Lett，1993，15：449-454.

[38] Yamauchi Y, Hirasawa T, Nishii M, et al. Enhanced acetic acid and succinic acid production under microaerobic conditions by *Corynebacterium glutamicum* harboring *Escherichia coli* transhydrogenase gene *pntAB*. J Gen Appl Microbiol，2014，60：112-118.

[39] Okino S, Noburyu R, Suda M, et al. An efficient succinic acid production process in a metabolically engineered *Corynebacterium glutamicum* strain. Appl Microbiol Biot，2008，81：459-464.

[40] Agren R, Otero J M, Nielsen J. Genome-scale modeling enables metabolic engineering of *Saccharomyces cerevisiae* for succinic acid production. J Ind Microbiol Biot，2013，40：735-747.

[41] Liu Y, Pu Z, Ye N I, et al. Effect of different carbon sources on succinic acid production of *Actinobacillus succinogenes* and metabolic flux analysis. Microbiology，2009，32：1283-1288.

[42] Litsanov B, Brocker M, Bott M. Toward homosuccinate fermentation: Metabolic engineering of *Corynebacterium glutamicum* for anaerobic production of succinate from glucose and formate. Appl Environ Microb，2012，78：3325-3337.

[43] Xu H, Zhou Z, Wang C, et al. Enhanced succinic acid production in *Corynebacterium glutamicum* with increasing the available NADH supply and glucose consumption rate by decreasing H^+-ATPase activity. Biotechnol Lett，2016，38：1181-1186.

[44] Cui Z, Gao C, Li J, et al. Engineering of unconventional yeast *Yarrowia lipolytica* for efficient succinic acid production from glycerol at low pH. Metab Eng，2017，42：126-133.

[45] Ito Y, Hirasawa T, Shimizu H. Metabolic engineering of *Saccharomyces cerevisiae* to improve succinic acid production based on metabolic profiling. Biosci Biotech Bioch，2014，78：151-159.

[46] Yan D, Wang C, Zhou J, et al. Construction of reductive pathway in *Saccharomyces cerevisiae* for effective succinic acid fermentation at low pH value. Bioresour Technol，2014，156：232-239.

[47] Bretz K. Succinic acid production in fed-Batch fermentation of *Anaerobiospirillum succiniciproducens* using glycerol as carbon source. Chem Eng Technol，2015，38：1659-1664.

[48] Ferone M, Raganati F, Olivieri G, et al. Bioreactors for succinic acid production processes. Crit Rev Biotechnol，2019，39：571-586.

[49] Samuelov N S, Datta R, Jain M K, et al. Whey fermentation by *Anaerobiospirillum succiniciproducens* for production of a succinate-based animal feed additive. Appl Environ Microb，1999，65：2260-2263.

[50] Meynial-salles I, Dorotyn S, Soucaille P. A new process for the continuous production of succinic acid from glucose at high yield, titer, and productivity. Biotechnol Bioeng，2008，99：129-135.

[51] Fang X J, Li J, Zheng X Y, et al. Enhancement of succinic acid production by osmotic-tolerant mutant strain of *Actinobacillus succinogenes*. World J Microbiol Biotechnol，2011，27：3009-3013.

[52] Ferone M, Raganati F, Ercole A, et al. Continuous succinic acid fermentation by *Actinobacillus succinogenes* in a packed-bed biofilm reactor. Biotechnol Biofuels，2018，11：138.

[53] Wendisch V F，Bott M，Eikmanns B J. Metabolic engineering of *Escherichia coli* and *Corynebacterium glutamicum* for biotechnological production of organic acids and amino acids. Curr Opin Microbiol，2006，9：268-274.

[54] Chen C X，Ding S P，Wang D Z，et al. Simultaneous saccharification and fermentation of cassava to succinic acid by *Escherichia coli* NZN111. Bioresource Technol，2014，163：100-105.

[55] Raab A M，Gebhardt G，Bolotina N，et al. Metabolic engineering of *Saccharomyces cerevisiae* for the biotechnological production of succinic acid. Metab Eng，2010，12：518-525.

[56] 昊永兰，陈可泉，李建，等. 琥珀酸发酵过程中固定 CO₂ 的研究进展. 化工进展，2010，29：1314-1319.

[57] 张玉秀，张云剑，李强. 产琥珀酸放线杆菌发酵生产琥珀酸的研究进展. 中国生物工程杂志，2008，28：102-106.

[58] Liu Y，Zheng P，Sun Z，et al. Economical succinic acid production from cane molasses by *Actinobacillus succinogenes*. Bioresource Technol，2008，99：1736-1742.

[59] Jiang M，Wan Q，Liu R，et al. Succinic acid production from corn stalk hydrolysate in an *E. coli* mutant generated by atmospheric and room-temperature plasmas and metabolic evolution strategies. J Ind Microbiol Biot，2014，41：115-123.

[60] Borges E R，Pereira N Jr. Succinic acid production from sugarcane bagasse hemicellulose hydrolysate by *Actinobacillus succinogenes*. J Ind Microbiol Biot，2011，38：1001-1011.

[61] Zheng P，Fang L，Xu Y，et al. Succinic acid production from corn stover by simultaneous saccharification and fermentation using *Actinobacillus succinogenes*. Bioresource Technol，2010，101：7889-7894.

[62] Li X，Zheng Z，Wei Z，et al. Screening，breeding and metabolic modulating of a strain producing succinic acid with corn straw hydrolyte. World J Microbiol Biotechnol，2009，25：667-677.

[63] Yu J，Li Z，Ye Q，et al. Development of succinic acid production from corncob hydrolysate by *Actinobacillus succinogenes*. J Ind Microbiol Biotechnol，2010，37：1033-1040.

[64] Zheng P，Dong J，Sun Z，et al. Fermentative production of succinic acid from straw hydrolysate by *Actinobacillus succinogenes*. Bioresource Technol，2009，100：2425-2429.

[65] Li Q，Siles J A，Thompson I P. Succinic acid production from orange peel and wheat straw by batch fermentations of *Fibrobacter succinogenes* S85. Appl Microbiol Biot，2010，88：671-678.

[66] Akhtar J，Idris A，Abd Aziz R. Recent advances in production of succinic acid from lignocellulosic biomass. Appl Microbiol Biot，2014，98：987-1000.

[67] 叶小金，王红蕾，王晓俊，等. 玉米秸秆糖醇发酵产丁二酸及表征. 食品科学，2014，35：161-165.

[68] Li J，Zheng X，Fang X，et al. A complete industrial system for economical succinic acid production by *Actinobacillus succinogenes*. Bioresource Technol，2011，102：6147-6152.

[69] 周小兵，郑璞. 以白酒酒糟为原料发酵产丁二酸. 食品与发酵工业，2013，39：7-10.

[70] 张九花，昊永兰，徐蓉，等. 利用甘蔗糖蜜与乳清粉厌氧发酵制备丁二酸. 化工进展，2012，31：2756-2760.

[71] Chan S，Kanchanatawee S，Jantama K. Production of succinic acid from sucrose and sugarcane molasses by metabolically engineered *Escherichia coli*. Bioresource Technol，2012，103：329-336.

[72] Wang D，Li Q，Yang M，et al. Efficient production of succinic acid from corn stalk hydrolysates by a recombinant *Escherichia coli* with *ptsG* mutation. Process Biochem，2011，46：365-371.

[73] Sun Z，Li M，Qi Q，et al. Mixed food waste as renewable feedstock in succinic acid fermentation. Appl Biochem Biotechnol，2014，174：1822-1833.

[74] Wang C，Zhang H，Cai H，et al. Succinic acid production from corn cob hydrolysates by genetically engineered

Corynebacterium glutamicum. Appl Biochem Biotechnol，2014，172：340-350.

[75] Lin H，San K Y，Bennett G N. Effect of Sorghum vulgare phosphoenolpyruvate carboxylase and *Lactococcus lactis* pyruvate carboxylase coexpression on succinate production in mutant strains of *Escherichia coli*. Appl Microbiol Biot，2005，67：515-523.

[76] Wang D，Li Q，Mao Y，Xing J，Su Z. High-level succinic acid production and yield by lactose-induced expression of phosphoenolpyruvate carboxylase in ptsG mutant *Escherichia coli*. Appl Microbiol Biot，2010，87：2025-2035.

[77] Zhu L W，Tang Y J. Current advances of succinate biosynthesis in metabolically engineered *Escherichia coli*. Biotechnol Adv，2017，35（8）：1040-1048.

[78] 杨卓娜，姜岷，李建，等. 不同 pH 调节剂对产琥珀酸放线杆菌 NJ113 发酵产丁二酸的影响. 生物工程学报，2010，26：1500-1506.

[79] Mokwatlo S C，Nicol W. Structure and cell viability analysis of *Actinobacillus succinogenes* biofilms as biocatalysts for succinic acid production. Biochem Eng J，2017，128：134-140.

[80] Maharaj K，Bradfield M F A，Nicol W. Succinic acid-producing biofilms of *Actinobacillus succinogenes*：reproducibility，stability and productivity. Appl Microbiol Biot，2014，98：7379-7386.

[81] Mokwatlo S C，Nchabeleng M E，Brink H G，et al. Impact of metabolite accumulation on the structure，viability and development of succinic acid-producing biofilms of *Actinobacillus succinogenes*. Appl Microbiol Biot，2019，103：6205-6215.

[82] Longanesi L，Frascari D，Spagni C，et al. Succinic acid production from cheese whey by biofilms of *Actinobacillus succinogenes*：packed bed bioreactor tests. J Chem Technol Biotechnol，2018，93：246-256.

[83] Pateraki C，Patsalou M，Vlysidis A，et al. *Actinobacillus succinogenes*：Advances on succinic acid production and prospects for development of integrated biorefineries. Biochem Eng J，2016，112：285-303.

[84] Jansen M L A，van Gulik W M. Towards large scale fermentative production of succinic acid. Curr Opin Biotech，2014，30：190-197.

[85] Vemuri G N，Eiteman M A，Altman E. Succinate production in dual-phase *Escherichia coli* fermentations depends on the time of transition from aerobic to anaerobic conditions. J Ind Microbiol Biot，2002，28：325-332.

[86] 华渤文. 产琥珀酸大肠杆菌工程菌的构建及其发酵研究. 武汉：湖北工业大学，2014.

[87] Oh I J，Lee H W，Park C H，et al. Succinic acid production by continuous fermentation process using *Mannheimia succiniciproducens* LPK7. J Microbiol Biotechn，2008，18：908-912.

[88] 税宗霞，秦晗，吴波，等. 从原料到产品：生物基丁二酸研究进展. 应用与环境生物学报，2015，21：10-21.

[89] Law J Y，Mohammad A W，Tee Z K，et al. Recovery of succinic acid from fermentation broth by forward osmosis assisted crystallization process. J Membrane Sci，2019，583：139-151.

[90] 吕涛. 一种使用丁二酸发酵液提取丁二酸的方法：ZL201510196882.8. 2015-04-24.

[91] 刁晓倩，翁云宣，黄志刚，等. 国内生物基材料产业发展现状. 生物工程学报，2016，32：715-725.

[92] Polen T，Spelberg M，Bott M. Toward biotechnological production of adipic acid and precursors from biorenewables. J Biotechnol，2013，167：75-84.

[93] Weber C，Brueckner C，Weinreb S，et al. Biosynthesis of *cis，cis*-muconic acid and its aromatic precursors，catechol and protocatechuic acid，from renewable feedstocks by *Saccharomyces cerevisiae*. Appl Environ Microb，2012，78：8421-8430.

[94] Kou X，Li Q. The preparation and properties of catechol-1,2-dioxygenase from *Pseudomonas putida*. Acta Microbiol Sin，1990，30：397-399.

[95] van Duuren J B J H，Wijte D，Leprince A，et al. Generation of a *catR* deficient mutant of *P. putida* KT2440 that

produces *cis*，*cis*-muconate from benzoate at high rate and yield. J Biotechnol，2011，156：163-172.

[96] Deng Y，Mao Y. Production of adipic acid by the native-occurring pathway in *Thermobifida fusca* B6. J Appl Microbiol，2015，119：1057-1063.

[97] Mizuno S，Yoshikawa N，Seki M，et al. Microbial production of *cis*，*cis*-muconic acid from benzoic acid. Appl Microbiol Biot，1988，28：20-25.

[98] Bang S G，Choi C Y. DO-stat fed-batch production of *cis*，*cis*-muconic acid from benzoic acid by *Pseudomonas putida* BM014. J Ferment Bioeng，1995，79：381-383.

[99] Krivobok S，Benoitguyod J L，Seiglemurandi F，et al. Diversity in phenol-metabolizing capability of 809 strains of micromycetes. New Microbiol，1994，17：51-60.

[100] Wu C M，Wu C C，Su C C，et al. Microbial synthesis of *cis*，*cis*-muconic acid from benzoate by *Sphingobacterium* sp. mutants. Biochem Eng J，2006，29：35-40.

[101] van Duuren J B J H，Brehmer B，Mars A E，et al. A limited LCA of bio-adipic acid：Manufacturing the nylon-6，6 precursor adipic acid using the benzoic acid degradation pathway from different feedstocks. Biotechnol Bioeng，2011，108：1298-1306.

[102] Guzik U，Hupert-Kocurek K，Sitnik M，et al. High activity catechol 1，2-dioxygenase from *Stenotrophomonas maltophilia* strain KB2 as a useful tool in *cis*，*cis*-muconic acid production. Anton Leeuw Int J G，2013，103：1297-1307.

[103] Earhart C A，Hall M D，Michaudsoret I，et al. Crystallization of catechol-1，2 dioxygenase from pseudomonas arvilla C-1. J Mol Biol，1994，236：377-378.

[104] Cheng Q，Thomas S M，Kostichka K，et al. Genetic analysis of a gene cluster for cyclohexanol oxidation in *Acinetobacter* sp. strain SE19 by *in vitro* transposition. J Bacteriol，2000，182：4744-4751.

[105] Brzostowicz P C，Gibson K L，Thomas S M，et al. Rouviere PE：Simultaneous identification of two cyclohexanone oxidation genes from an environmental *Brevibacterium* isolate using mRNA differential display. J Bacteriol，2000，182：4241-4248.

[106] Brzostowicz P C，Blasko M S，Rouviere P E. Identification of two gene clusters involved in cyclohexanone oxidation in *Brevibacterium epidermidis* strain HCU. Appl Microbiol Biot，2002，58：781-789.

[107] 陈远童. 生物合成长链二元酸新产业的崛起. 生物加工过程，2007，4：1-4.

[108] 韩丽，陈五九，元飞，等. 己二酸的生物合成. 生物工程学报，2013，9：1374-1385.

[109] Draths K M，Frost J W. Environmentally compatible synthesis of adipic acid from D-glucose. J Am Chem Soc，1994，116：399-400.

[110] Niu W，Draths K M，Frost J W. Benzene-free synthesis of adipic acid. Biotechnol Progr，2002，18：201-211.

[111] Han L，Liu P，Sun J X，et al. Engineering catechol 1，2-dioxygenase by design for improving the performance of the *cis*，*cis*-muconic acid synthetic pathway in *Escherichia coli*. Sci Rep-UK，2015，5：13435.

[112] Lin Y，Sun X，Yuan Q，et al. Extending shikimate pathway for the production of muconic acid and its precursor salicylic acid in *Escherichia coli*. Metab Eng，2014，23：62-69.

[113] Sun J，Raza M，Sun X，et al. Biosynthesis of adipic acid *via* microaerobic hydrogenation of *cis*，*cis*-muconic acid by oxygen-sensitive enoate reductase. J Biotechnol，2018，280：49-54.

[114] Sun X，Lin Y，Huang Q，et al. A novel muconic acid biosynthesis approach by shunting tryptophan biosynthesis via anthranilate. Appl Environ Microb，2013，79：4024-4030.

[115] Sengupta S，Jonnalagadda S，Goonewardena L，et al. Metabolic engineering of a novel muconic acid biosynthesis pathway via 4-hydroxybenzoic acid in *Escherichia coli*. Appl Environ Microb，2015，81：8037-8043.

[116] Raj K，Partow S，Correia K，et al. Biocatalytic production of adipic acid from glucose using engineered *Saccharomyces cerevisiae*. Metab Eng Commun，2018，6：28-32.

[117] Curran K A，Leavitt J M，Karim A S，et al. Metabolic engineering of muconic acid production in *Saccharomyces cerevisiae*. Metab Eng，2013，15：55-66.

[118] Pyne M E，Narcross L，Melgar M，et al. An engineered Aro1 protein degradation approach for increased *cis, cis*-muconic acid biosynthesis in *Saccharomyces cerevisiae*. Appl Environ Microb，2018，84（17）：1095-1118.

[119] Wang S，Bilal M，Zong Y，et al. Development of a plasmid-free biosynthetic pathway for enhanced muconic acid production in *Pseudomonas chlororaphis* HT66. ACS Synth Biol，2018，7：1131-1142.

[120] Djurdjevic I，Zelder O，Buckel W. Production of glutaconic acid in a recombinant *Escherichia coli* strain. Appl Environ Microb，2011，77：320-322.

[121] Parthasarathy A，Pierik A J，Kahnt J，et al. Substrate specificity of 2-hydroxyglutaryl-coA dehydratase from *Clostridium symbiosum*：Toward a bio-based production of adipic acid. Biochemistry，2011，50：3540-3550.

[122] Dang L，White D W，Gross S，et al. Cancer-associated IDH1 mutations produce 2-hydroxyglutarate. Nature，2009，462：739-744.

[123] Reitman Z J，Choi B D，Spasojevic I，et al. Enzyme redesign guided by cancer-derived IDH1 mutations. Nat Chem Biol，2012，8：887-889.

[124] Babu T，Yun E J，Kim S，et al. Engineering *Escherichia coli* for the production of adipic acid through the reversed β-oxidation pathway. Process Biochem，2015，50：2066-2071.

[125] Yu J，Xia X，Zhong J，et al. Direct biosynthesis of adipic acid from a synthetic pathway in recombinant *Escherichia Coli*. Biotechnol Bioeng，2014，111：2580-2586.

[126] Zhao M，Huang D，Zhang X，et al. Metabolic engineering of *Escherichia coli* for producing adipic acid through the reverse adipate-degradation pathway. Metab Eng，2018，47：254-262.

[127] Yang J，Lu Y，Zhao Y，et al. Site-directed mutation to improve the enzymatic activity of 5-carboxy-2pentenoyl-CoA reductase for enhancing adipic acid biosynthesis. Enzyme Microb Tech，2019，125：6-12.

[128] van Duuren J，Wijte D，Karge B，et al. pH-stat fed-batch process to enhance the production of *cis, cis*-muconate from benzoate by *Pseudomonas putida* KT2440-JD1. Biotechnol Progr，2012，28：85-92.

[129] 陈大明，刘晓，毛开云，等. 合成生物学应用产品开发现状与趋势. 中国生物工程杂志，2016，36：117-126.

[130] 陈秋铭，叶君，熊犍. 2016 年美国总统绿色化学挑战奖简介. 化工进展，2016，35：3002-3003.

[131] 孙乾辉，郑路凡，杜泽学. 生物质基己二酸绿色合成技术研究进展. 广东化工，2019，46：133-135.

[132] 张亚刚，吾满江·艾力. 壬二酸的性质、合成和应用. 新疆师范大学学报（自然科学版），2003，22：46-50.

[133] Gupta A K. Azelaic acid-A viewpoint. Am J Clin Dermatol，2004，5：65-66.

[134] 谷志勇，胡望明. 壬二酸的制备及应用. 精细石油化工，1998，6：40-44.

[135] 才震宇，乐清华，吴明熹. 油酸臭氧氧化法制取壬二酸的研究. 化学世界，2010，6：362-366.

[136] 王书谦，李英春. 壬二酸制备工艺的改进. 应用化工，2005，34：48-50.

[137] 孙自才，张亚刚，吾满江·艾力，等. 混合溶剂下油酸臭氧化催化氧化裂解合成壬二酸的工艺研究. 中国油脂，2006，31：40-42.

[138] Santacesaria E，Sorrentino A，Rainone F，et al. Oxidative cleavage of the double bond of monoenic fatty chains in two steps：A new promising route to azelaic acid and other industrial products. Ind Eng Chem Res，2000，39：2766-2771.

[139] 钱为群. 壬二酸生产工艺的改进. 今日科技，1993，8：7.

[140] 陈松，严金龙. 化学氧化法制备壬二酸. 皮革化工，2003，20：31-35.

[141] 宋河远, 陈静, 童进. 油酸相转移催化氧化制备壬二酸的研究. 化学试剂, 2005, 27: 65-67.

[142] 高庄员. 油酸催化氧化制壬二酸. 湖南化工, 2000, 30: 36-37.

[143] 周君, 周淑梅. 油酸制备壬二酸研究进展. 河北企业, 2016, 12: 266-267.

[144] 李占朝. 十二碳二元酸的精制工艺研究. 北京: 北京化工大学, 2009.

[145] Dhamankar H, Prather K L J. Microbial chemical factories: recent advances in pathway engineering for synthesis of value added chemicals. Curr Opin Struc Biol, 2011, 21: 488-494.

[146] Otte K B, Kittelberger J, Kirtz M, et al. Whole-cell one-pot biosynthesis of azelaic acid. ChemCatChem, 2014, 6: 1003-1009.

[147] 于平. 生物法生产壬二酸的初步研究. 大庆: 大庆石油学院, 2008.

[148] Köckritz A, Martin A. Synthesis of azelaic acid from vegetable oil-based feedstocks. Eur J Lipid Sci Technol, 2011, 113: 83-91.

[149] 朱琬莹, 曾建立, 杜泽学. 壬二酸生产工艺进展. 石油化工, 2019, 48: 411-418.

[150] 周聪晓, 黄成坤, 吾满江·艾力, 等. 高纯度壬二酸的分离纯化工艺研究. 化学试剂, 2007, (7): 443-446.

[151] 张振武, 费丽丽. 癸二酸生产工艺技术进展及循环经济. 化工设计, 2012, 22: 47-49.

[152] 王彦雄, 张小里, 李红亚, 等. 蓖麻油催化裂解制备癸二酸的清洁工艺研究. 工业催化, 2012, 20: 68-71.

[153] 温琰, 张大庆. 蓖麻油制癸二酸裂解工艺研究. 广州化工, 2011, 39: 65-68.

[154] 李专成, 吴端桂. 蓖麻油固相碱裂制癸二酸. 精细石油化工, 1997, (2): 8-11.

[155] 欧阳少华. 癸二酸的制备与应用研究进展. 化工中间体, 2010, 4: 7-10.

[156] Azcan N, Demirel E. Obtaining 2-octanol, 2-octanone, and sebacic acid from castor oil by microwave-induced alkali fusion. Ind Eng Chem Res, 2008, 47: 1774-1778.

[157] Otte K B, Maurer E, Kirtz M, et al. Synthesis of sebacic acid using a de novo designed retro-aldolase as a key catalyst. ChemCatChem, 2017, 9: 1378-1382.

[158] Zia K M, Noreen A, Zuber M, et al. Recent developments and future prospects on bio-based polyesters derived from renewable resources: A review. Int J Biol Macromol, 2016, 82: 1028-1040.

[159] 沈阳市有机化工厂, 辽宁省林业土壤研究所. 石油烷烃发酵产生癸二酸的研究——酵母19-2变异菌的发酵产酸条件试验. 沈阳化工, 1977, 1: 1-8.

[160] 中国科学院林业土壤研究所, 沈阳市有机化工厂. 解脂假丝酵母利用正癸烷产生癸二酸的研究. 微生物学报, 1979, 19: 64-70.

[161] Sugiharto Y E C, Lee H, Fitriana A D, et al. Effect of decanoic acid and 10-hydroxydecanoic acid on the biotransformation of methyl decanoate to sebacic acid. AMB Express, 2018, 8: 75.

[162] 马建成, 夏清, 张凤宝, 等. 蓖麻油裂制癸二酸生产工艺研究进展. 化学工业与工程, 2007, 24: 362-366.

[163] Yamataka K, Matsuoka Y, Isoya T. Process for producing sebacic acid: US4237317. 1980-12-02.

[164] Massie S. Purification of polybasic acids: US3746755. 1973-07-17.

[165] 张广平. 制取高纯试剂的一种新工艺. 辽宁化工, 1997, (2): 104-105.

[166] Chung H, Yang J E, Ha J Y, et al. Bio-based production of monomers and polymers by metabolically engineered microorganisms. Curr Opin Biotech, 2015, 36: 73-84.

[167] 陈远童. 微生物发酵生产长链二元酸. 精细与专用化学品, 1999, 34: 21-23.

[168] 徐成勇, 诸葛健. 发酵法生产长链二元酸研究进展. 生物工程进展, 2002, 22: 66-69.

[169] 刘雅, 石鹏, 王静康, 等. 长链二元酸的制备与精制研究进展. 现代化工, 2018, 38: 43-47.

[170] 桂秋芬, 姚嘉旻, 蒋洋松, 等. 利用热带假丝酵母发酵生产长链二元酸的研究进展. 化学与生物工程, 2014, 31: 17-22.

[171] 李晓姝, 高大成, 乔凯, 等. 发酵法长链二元酸分离提取研究进展. 石油化工, 2017, 9: 1214-1218.

[172] 宋志宾. 长链二元酸的生产及发展. 精细与专用化学品, 2001, 13: 9-10, 12.

[173] Werner N, Zibek S. Biotechnological production of bio-based long-chain dicarboxylic acids with oleogenious yeasts. World J Microbiol Biotechnol, 2017, 33: 194.

[174] 任刚, 陈远童. 糖类和 pH 值的改变对十二碳二元酸发酵的影响. 微生物学报, 2000, 40: 214-216.

[175] 任刚, 陈远童. 十二碳二元酸的发酵研究. 生物工程学报, 2000, 16: 198-202.

[176] Lee H, Sugiharto Y E C, Lee S, et al. Characterization of the newly isolated ω-oxidizing yeast Candida sorbophila DS02 and its potential applications in long-chain dicarboxylic acid production. Appl Microbiol Biot, 2017, 101: 6333-6342.

[177] 王佳新, 丁海燕, 何连芳, 等. 生长因子和乳化剂对热带假丝酵母产十二碳二元酸发酵的影响. 中国酿造, 2011, 5: 87-89.

[178] 唐如星, 王昌禄, 顾小波, 等. 微生物发酵生产十三碳二元酸的研究. 中国食品学报, 2002, 2: 48-52.

[179] 高弘, 刘铭, 黄英明, 等. 热带假丝酵母及其重组菌产十三碳二元酸的补糖发酵实验. 过程工程学报, 2006, 6: 814-817.

[180] 王丽菊, 余晓斌, 胥九兵. 应用 MATLAB 优化十五碳二元酸发酵培养基. 计算机与应用化学, 2009, 26: 89-92.

[181] 陈远童, 郝秀珍, 庞月川. 十五碳二元酸的发酵研究. 微生物学报, 1995, 35: 433-437.

[182] 陈远童, 郝秀珍. 丙烯酸对十六碳二元酸发酵的影响和 16 L 罐扩试. 微生物学报, 1994, 34: 301-304.

[183] Lee H, Han C, Lee H, et al. Development of a promising microbial platform for the production of dicarboxylic acids from biorenewable resources. Biotechnol Biofuels, 2018, 11: 310.

[184] Cao W, Wang Y, Luo J, et al. Role of oxygen supply in α, ω-dodecanedioic acid biosynthesis from n-dodecane by Candida viswanathii ipe-1: Effect of stirring speed and aeration. Eng Life Sci, 2018, 18: 196-203.

[185] Cao W, Liu B, Luo J, et al. α, ω-Dodecanedioic acid production by Candida viswanathii ipe-1 with co-utilization of wheat straw hydrolysates and n-dodecane. Bioresource Technol, 2017, 243: 179-187.

[186] Funk I, Rimmel N, Schorsch C, et al. Production of dodecanedioic acid via biotransformation of low cost plant-oil derivatives using Candida tropicalis. J Ind Microbiol Biot, 2017, 44: 1491-1502.

[187] Fang H, Zhao C, Kong Q, et al. Comprehensive utilization and conversion of lignocellulosic biomass for the production of long chain α, ω-dicarboxylic acids. Energy, 2016, 116: 177-189.

[188] Buathong P, Boonvitthya N, Truan G, et al. Biotransformation of lauric acid into 1, 12-dodecanedioic acid using CYP52A17 expressed in Saccharomyces cerevisiae and its application in refining coconut factory wastewater. Int Biodeter Biodegr, 2019, 139: 70-77.

[189] Zhao C, Hao Fang H, Chen S. Single cell oil production by Trichosporon cutaneum from steam-exploded corn stover and its upgradation for production of long-chain α, ω-dicarboxylic acids. Biotechnol Biofuels, 2017, 10: 202.

[190] Werner N, Dreyer M, Wagner W, et al. Candida guilliermondii as a potential biocatalyst for the production of long-chain α, ω-dicarboxylic acids. Biotechnol Lett, 2017, 39: 429-438.

[191] Yu J, Yuan X, Zeng A. A novel purification process for dodecanedioic acid by molecular distillation. Chinese J Chem Eng, 2015, 23: 499-504.

[192] 徐敏, 郝英利, 张明阳, 等. 一种微生物发酵法生产的癸二酸及其制备方法: CA201710653289.0. 2017-08-02.

[193] 王燕, 陈远童: 生物合成长链二元酸产业的引领者. 中国科技财富, 2011, 110-114.

[194] 杨晨, 徐敏, 秦兵兵, 等. 生物发酵生产长链二元酸的方法: CA201711323707.6.2017-12-13.

[195]　向兰. 一种长碳链二元酸生物发酵制备方法：CA201910140967.2. 2019-02-26.

[196]　葛书华，晏礼明，陶勇，等. 一种转化脂肪酸衍生物生产长链二元酸的方法：CA201510176594.6. 2015-04-14.

[197]　Yang S，Choi T，Jung H，et al. Production of glutaric acid from 5-aminovaleric acid by robust whole-cell immobilized with polyvinyl alcohol and polyethylene glycol. Enzyme Microb Tech，2019，128：72-78.

[198]　Manandhar M，Cronan J E. Pimelic acid，the first precursor of the *Bacillussubtilis* biotin synthesis pathway，exists as the free acid and is assembled by fatty acid synthesis. Mol Microbiol，2017，104：595-607.

第3章 生物基二元胺的制备

3.1 生物基二元胺概述

二元胺是合成生物基聚酰胺的重要单体。当前，二元胺主要以化石资源为原料，通过化学法制备获得。随着石油资源的日益枯竭以及人们对环境保护意识的普遍增强，以可再生的生物质资源为原料的二元胺生物制造受到广泛的关注，因而使用生物基聚酰胺替代传统聚酰胺是必然趋势。

我国聚酰胺的研发进展得较为缓慢，直至近几年才稍有起色，但产业化进程仍不如人意。因二元胺等单体合成技术的缺乏，很多聚酰胺产品的合成技术被国外垄断，如合成 PA66 的单体 1, 6-己二胺的生产技术仅被少数几家国外公司掌握，随着对其市场需求的不断增大以及国际石油价格与供给的频繁波动，PA66 的供给不稳定且价格居高不下，使得国内的聚酰胺市场处于非常被动的地位。

为推进我国生物基尼龙的研究及产业化，突破二元胺单体合成这一"卡脖子"因素，国家高技术研究发展计划（863 计划）在 2010 年和 2014 年均列项支持生物基尼龙的生产工艺研发及产业化建设，以替代以往的生物基二元胺的合成工艺。与传统尼龙相比，每吨生物基聚酰胺对不可再生资源的消耗降低了 20%，减排温室气体约 50%，且其很多重要的物料性质超过了石油化工来源的传统尼龙材料[1]。

本章将针对生物基 1, 3-丙二胺、1, 4-丁二胺、1, 5-戊二胺、1, 6-己二胺及长链二元胺的合成现状进行概述。

3.2 生物基 1, 3-丙二胺

3.2.1 1, 3-丙二胺的结构与性质

1, 3-丙二胺，又名 1, 3-二氨基丙烷，是一种密度为 0.884 g/cm³、沸点为 140℃ 的重要平台化学品，分子式为 $C_3H_{10}N_2$，分子量为 74.13，结构式如图 3.1 所示。1, 3-丙二胺易溶于水，溶于甲醇、乙醚。

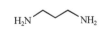

图 3.1 1, 3-丙二胺结构式

1, 3-丙二胺被广泛应用于环氧树脂交联剂、医药前体、农用化学品和有机化学品等。同时 1, 3-丙二胺还具有作为聚酰胺单体的潜力。

3.2.2　生物基 1, 3-丙二胺的合成

　　当前，已发现一些微生物如假单胞菌属、不动杆菌属具有天然合成 1, 3-丙二胺的能力[2]。其中 1, 3-丙二胺的生物合成途径主要包括两条，分别为假单胞菌属中的 C_5 途径[3]和不动杆菌属中的 C_4 途径[4]。如图 3.2 所示，在 C_5 途径中，以 L-谷氨酸为前体，通过一系列酶催化反应，经 L-鸟氨酸或 L-精氨酸合成 1, 4-丁二胺，进而在亚精胺合成酶（SpeE）的催化作用下合成亚精胺（其中，S-腺苷-3-甲硫基丙胺为亚精胺合成酶的辅因子，凭催化作用后转化为甲硫腺苷），亚精胺在亚精胺脱氢酶（spdH）的作用下合成 1, 3-丙二胺。在 C_4 途径中，以 L-天冬氨酸为前体生成 L-天冬氨酸半醛，进而在 2-酮戊二酸-4-氨基转移酶（DAT）、L-2, 4-二氨基丁酸脱羧酶（DDC）的系列催化作用下合成 1, 3-丙二胺。

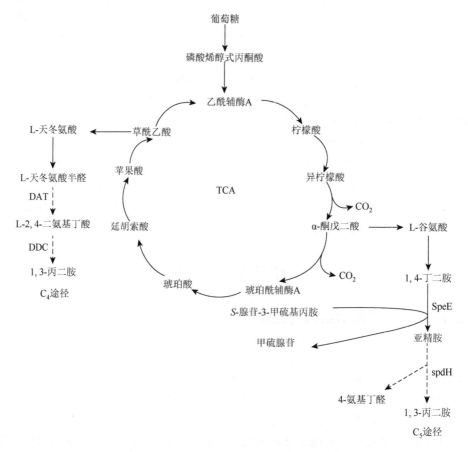

图 3.2　1, 3-丙二胺的 C_4 和 C_5 生物合成途径

由于该类微生物遗传操作工具欠缺，基因改造该类微生物以提高 1,3-丙二胺的生产能力存在困难。因此以大肠杆菌、谷氨酸棒状杆菌等模式微生物为宿主，通过表达和调控 1,3-丙二胺的生物合成途径，实现 1,3-丙二胺的发酵合成受到关注。

2015 年，韩国的 Sang Yup Lee 课题组以大肠杆菌为宿主细胞[5]，通过构建 1,3-丙二胺合成的 C_4 途径，首次实现了 1,3-丙二胺的异源合成。在该项工作中，研究人员首先采用基于生物信息学的全基因组通量分析技术对 1,3-丙二胺合成的 C_4 途径和 C_5 途径进行系统分析，结果表明 C_4 途径具有更高的 1,3-丙二胺合成效率。进而在大肠杆菌中过表达来源于鲍曼不动杆菌的编码 DAT 和 DDC 基因，实现了 1,3-丙二胺的生物合成。为进一步提高 1,3-丙二胺的合成效率，研究人员对菌株进行了多种基因工程改造，包括：①通过表达天冬氨酸激酶Ⅰ thrA 和天冬氨酸激酶Ⅲ lysC 的突变体解除 L-赖氨酸和 L-苏氨酸积累对前体 L-天冬氨酸半醛合成的反馈抑制；②通过过表达磷酸烯醇式丙酮酸羧化酶（PPC）和天冬氨酸氨基转移酶（AspC）以促进前体 L-天冬氨酸的合成；③通过敲除 6-磷酸果糖激酶Ⅰ基因 *pfkA* 增强胞内 NADPH 的供给。获得的基因工程菌株在分批补料的发酵调控策略下，1,3-丙二胺的最终产量达到 13.0 g/L。

当前，生物基 1,3-丙二胺合成的研究刚刚起步，远不能达到工业化生产的水平。在后期的研究过程中，从高产 L-赖氨酸、L-鸟氨酸或 L-精氨酸的底盘细胞出发，通过系统代谢工程改造，有望获得高产 1,3-丙二胺的基因工程菌株，实现生物基 1,3-丙二胺的高效合成，开发一系列 PA3X 系列的生物基聚酰胺新产品。

3.3　生物基 1,4-丁二胺

3.3.1　1,4-丁二胺的结构与性质

1,4-丁二胺，又名腐胺或 1,4-二氨基丁烷，是一种密度为 0.877 g/cm³，沸点为 158℃ 的重要平台化学品，分子式为 $C_4H_{12}N_2$，分子量为 88.15，在化学工业、医药等领域具有十分广泛的应用，化学结构式如图 3.3 所示。

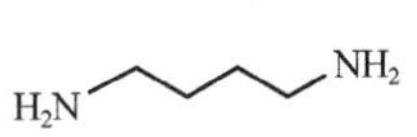

图 3.3　1,4-丁二胺的化学结构式

在生物基聚酰胺领域，1,4-丁二胺被广泛应用于 PA46 的合成。通过与己二酸缩聚合成的 PA46 是一种优质的工程塑料，具有高熔点、高机械强度及优异的耐溶剂性能。据统计，1,4-丁二胺每年在全球的需求量约为 10 000 t，其中欧洲的价格超过 2500 欧元/t，预计未来还将持续增长。

3.3.2　生物基 1, 4-丁二胺的合成

1. 1, 4-丁二胺的生物合成途径

1, 4-丁二胺是在多种生物中发现的多胺之一，其在微生物体内具有天然的代谢途径，如图 3.4 所示，主要包括两条：①以 L-鸟氨酸为前体，在鸟氨酸脱羧酶（ODC）的催化作用中一步脱羧合成；②以 L-精氨酸为前体，在精氨酸脱羧酶、精胺脲水解酶的两步催化作用下合成[6, 7]。在 L-精氨酸途径中，1, 4-丁二胺的合成伴随着副产物尿素的产生，因此当前研究中主要依赖 L-鸟氨酸途径进行代谢工程改造，获得高产 1, 4-丁二胺的基因工程菌株。

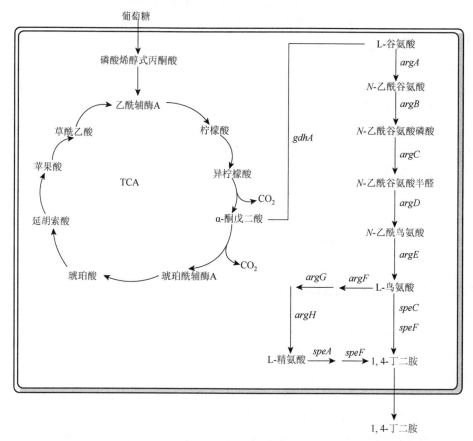

图 3.4　1, 4-丁二胺的生物合成途径

gdhA 表示谷氨酸脱氢酶编码基因；*argA* 表示 *N*-乙酰谷氨酸合酶编码基因；*argB* 表示 *N*-乙酰谷氨酸激酶编码基因；*argC* 表示 *N*-乙酰-γ-谷氨酰胺基-磷酸还原酶编码基因；*argD* 表示乙酰鸟氨酸氨基转移酶基因；*argE* 表示 L-鸟氨酸乙酰基转移酶基因；*argF* 表示 L-鸟氨酸氨甲酰基转移酶基因；*argG* 表示精氨酸琥珀酸酯合酶基因；*argH* 表示精氨酸琥珀酸酯合酶基因；*speC/speF* 表示鸟氨酸脱羧酶编码基因；*speA* 表示精氨酸脱羧酶编码基因

2. 1,4-丁二胺生产菌株的构建和发酵

当前，1,4-丁二胺的生产菌株主要以大肠杆菌和谷氨酸棒状杆菌为宿主，如表 3.1 所示。

表 3.1　1,4-丁二胺生产菌株汇总

菌株名称	碳源	产量/(g/L)	生产强度/[g/(L·h)]	得率/(g/g 葡萄糖)	培养工艺	参考文献
大肠杆菌						
E. coli XQ52（p15SpeC）	葡萄糖	24.2	0.75	0.168	补料分批发酵 6.6 L 反应器	[6]
E. coli XQ52（p15SpeC）-112SargFpKK105SglnA	葡萄糖	42.3	1.27	0.26	补料分批发酵 6.6 L 反应器	[8]
谷氨酸棒状杆菌						
C. glutamicum PUT1	葡萄糖	6	0.1	0.12	摇瓶培养	[9]
C. glutamicum PUT21	葡萄糖	19	0.55	0.16	补料分批发酵 1.5 L 反应器	[7]
C. glutamicum NA6	葡萄糖	5.1	0.21	0.26	摇瓶培养	[10]和[11]
C. glutamicum PUT-ALE（pEC-pyc458）	葡萄糖	12.5	—	0.29	分批发酵 2 L 反应器	[12]
C. glutamicum PUT21（pEKEx3_nagB）	葡萄糖胺	4.49	—	0.1	分批发酵 1.5 L 反应器	[13]
C. glutamicum PUT21（pEKEx3-xylA$_{Xc}$-xylBcg）	木糖	1.33	0.0278	—	摇瓶培养	[14]
C. glutamicum PUT21（pEKEx3-glpFKD^{Eco}）	粗甘油	0.85	—	0.04	摇瓶培养	[15]

2009 年，韩国 Sang Yup Lee 研究团队首次实现了大肠杆菌发酵合成 1,4-丁二胺的研究。通过敲除亚精胺合成酶基因 *speE*、亚精胺乙酰转移酶基因 *speG* 以及丁二胺分解代谢基因 *puuPA* 从而阻断 1,4-丁二胺的降解和利用途径；敲除 L-鸟氨酸代谢的旁支途径，同时过表达 L-鸟氨酸合成途径相关基因以增强 L-鸟氨酸前体供给；敲除全局压力调节因子 *rpoS* 以降低产物过量合成对菌株产生的胁迫，同时过表达鸟氨酸脱羧酶增强 1,4-丁二胺的合成。最终获得的基因工程菌株 *E. coli* XQ52（p15SpeC）在 6.6 L 反应器规模下基于葡萄糖分批补料策略，1,4-丁二胺产量达 24.2 g/L[6]。2017 年，该团队在菌株 *E. coli* XQ52（p15SpeC）的基础上，采用 sRNA 抑制策略，降低了鸟氨酸氨甲酰基转移酶基因 *argF* 和谷氨酰胺合成酶基因 *glnA* 的表达，获得基因工程菌株 *E. coli* XQ52（p15SpeC）-112SargFpKK105SglnA，

在 6.6 L 反应器规模下基于葡萄糖分批补料策略，1, 4-丁二胺产量达 42.3 g/L[8]，为当前 1, 4-丁二胺生物法合成的最高产量水平。

谷氨酸棒状杆菌因其本身高产 L-鸟氨酸的特性及较高的 1, 4-丁二胺耐受性，也被认为是合成 1, 4-丁二胺的良好宿主。然而谷氨酸棒状杆菌中缺乏天然的 1, 4-丁二胺合成途径，因此大多研究致力于在谷氨酸棒状杆菌中构建与优化异源 1, 4-丁二胺合成途径。2010 年，德国的 Schneider 和 Wendisch 首次在谷氨酸棒状杆菌中实现了 1, 4-丁二胺的发酵合成。通过分别构建鸟氨酸脱羧酶和精氨酸脱羧酶 1, 4-丁二胺合成途径，发现基于鸟氨酸脱羧酶的 1, 4-丁二胺途径具有更高的合成效率。进而敲除精氨酸阻遏物的基因 argR 和鸟氨酸氨甲酰转移酶基因 argF，构建获得菌株 C. glutamicum PUT1，摇瓶发酵 1, 4-丁二胺产量达 6 g/L，收率达 0.12 g/g葡萄糖[9]。2012 年，该团队进一步对该菌株进行优化，采用下调鸟氨酸氨甲酰转移酶基因 argF 表达水平的策略取代 argF 完全敲除的策略以避免培养基中 L-精氨酸的补加，构建获得的菌株 C. glutamicum PUT21 在 1.5 L 反应器规模基于补料分批发酵策略生产 1, 4-丁二胺，产量达 19 g/L，收率达 0.16 g/g葡萄糖[7]。2015 年，该团队进一步发现敲除多元胺 N-乙酰转移酶基因 snaA 避免副产物 N-乙酰丁二胺的合成；降低酮戊二酸脱氢酶的活力、过表达 3-磷酸-甘油醛脱氢酶和丙酮酸羧化酶以增强前体的供给；减轻 L-精氨酸对乙酰谷氨酸激酶的反馈抑制作用等代谢调控策略可进一步提高 1, 4-丁二胺的产量，获得的 C. glutamicum NA6 经摇瓶发酵可使 1, 4-丁二胺收率达 0.26 g/g葡萄糖[10, 11]。2018 年，国内中山大学刘建忠团队采用代谢改造与定向进化相结合的育种策略，获得的 1, 4-丁二胺生产菌株 C. glutamicum PUT-ALE（pEC-pyc458）在 2 L 反应器规模采用分批发酵策略，1, 4-丁二胺产量达 12.5 g/L，收率达 0.29 g/g葡萄糖[12]。

为了降低 1, 4-丁二胺的发酵成本，研究者从发酵碳源对 1, 4-丁二胺菌株的改造进行了探索。2013 年，德国 Seibold GM 团队通过在 C. glutamicum PUT21 表达 6-磷酸葡萄糖胺脱氨基酶，实现了以葡萄糖胺为原料合成 1, 4-丁二胺，产量为 4.49 g/L[13]。同年，Meiswinkel 等通过对 C. glutamicum PUT21 的代谢改造，成功实现了以五碳糖木糖及粗甘油为原料发酵合成 1, 4-丁二胺，产量分别为 1.33 g/L 和 0.85 g/L[14, 15]。尽管 1, 4-丁二胺的产量远低于以葡萄糖为原料生产的产量，但是这些研究为 1, 4-丁二胺的发酵合成提供了新的思路。

3. 鸟氨酸脱羧酶的改造

在上述依赖于 L-鸟氨酸的 1, 4-丁二胺合成途径中，ODC 是影响 1, 4-丁二胺合成的关键酶。2018 年，Li 等通过对比 7 种不同微生物来源的 ODC，发现来源于阴沟肠杆菌（Enterobacter cloacae）的 ODC speC1 最有利于 1, 4-丁二胺在谷氨酸棒状杆菌中的生产。

此外，来源于大肠杆菌的 ODC 在当前 1,4-丁二胺合成过程中应用最为广泛。大肠杆菌具有两种形式的 ODC：一种是由 speC 基因编码的组成型，另一种是低 pH 下的诱导型，由 speF 基因编码。其中，由 speC 基因编码的 ODC 被广泛应用。为了进一步提高 1,4-丁二胺的产量，采用蛋白质工程技术对 ODC 进行理性设计，增强 ODC 催化活性的研究被认为具有重要意义。2014 年，韩国 Choi Hyang 等基于蛋白质结构对大肠杆菌来源的 ODC 进行改造并获得了突变体 $ODC^{I163T/E165T}$，催化活性提高了 62.5 倍。

ODC 具有广泛的底物特异性，对 L-精氨酸、L-赖氨酸等同样具有脱羧作用，在 1,4-丁二胺的合成过程中，增加了副产品产生的可能性。为了增强 ODC 对 L-鸟氨酸的底物特异性，韩国 Byung-GeeKim 课题组利用分子模型与蛋白质网络分析相结合的策略，对来源于乳酸杆菌的 ODC 进行了设计改造，获得的突变体 ODC^{A713L} 对 L-鸟氨酸的底物特异性增强了 2 倍。

以上对 ODC 的研究和改造，为进一步构建高产 1,4-丁二胺的工程菌株，实现生物基 1,4-丁二胺的工业化生产奠定了基础。

3.3.3　1,4-丁二胺的国内外产业化现状

帝斯曼公司拥有全球唯一的 1,4-丁二胺工业化方案。该公司以生物质淀粉为原料，通过在遗传水平上增加 ODC 的转录效率，构建高效的静息细胞催化体系，以 L-鸟氨酸为底物催化合成 1,4-丁二胺。除帝斯曼公司外，其他关于 1,4-丁二胺的生产研究仍然停留在实验室阶段，尚无工业化生产的报道。

3.4　生物基 1,5-戊二胺

3.4.1　1,5-戊二胺的结构与性质

1,5-戊二胺（cadaverine），又名 1,5-二氨基戊烷，分子式为 $C_5H_{14}N_2$，分子量为 102.18，折光率为 1.463，密度为 0.873 g/L，熔点为 9℃，沸点为 178～180℃，具有六氢吡啶的臭味，因为其首先被发现于腐败的尸体中，又名尸胺。1,5-戊二胺易溶于水、乙醇，微溶于乙醚，在常温下为无色黏稠的发烟状液体，在低温下为可凝固结晶，其结构式如图 3.5 所示。

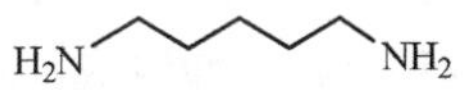

图 3.5　1,5-戊二胺结构式

1,5-戊二胺结构和性质与石油化工来源的 1,6-己二胺类似，因此其可替代

1,6-己二胺用于聚酰胺、聚氨酯、重金属结合剂等产品的生产。使用 1,5-戊二胺与生物来源的丁二酸、己二酸、癸二酸及壬二酸等二元酸聚合，即可得到完全生物基 PA54、PA6、PA510 或 PA512 等。

在生物体中，1,5-戊二胺是经赖氨酸脱羧酶由 L-赖氨酸直接脱羧生成的，生物法合成 1,5-戊二胺具有原料来源广、生产条件温和、环境友好等优势，渐渐地得到广大研究学者的关注。对于 1,5-戊二胺的生物合成研究主要集中在利用微生物直接发酵生产或静息细胞催化制备两个方面。

3.4.2　静息细胞催化制备生物基 1, 5-戊二胺

静息细胞催化制备 1,5-戊二胺的过程主要包括两步：①发酵培养含有赖氨酸脱羧酶的微生物细胞；②以含有赖氨酸脱羧酶的微生物细胞为催化剂，催化底物 L-赖氨酸合成 1,5-戊二胺（图 3.6）。

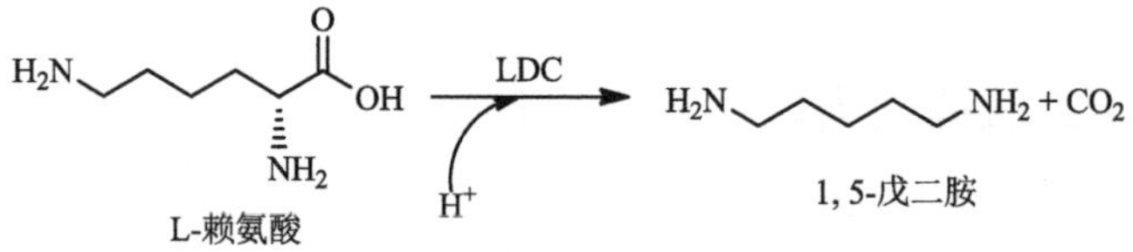

图 3.6　赖氨酸脱羧酶催化 L-赖氨酸合成 1, 5-戊二胺

1. 赖氨酸脱羧酶

赖氨酸脱羧酶作为催化 L-赖氨酸合成 1,5-戊二胺的关键酶，从 20 世纪 40 年代起就受到广泛关注。在生产 1,5-戊二胺的静息细胞催化剂构建方面，大多采用以大肠杆菌为宿主过表达赖氨酸脱羧酶的策略。因此，赖氨酸脱羧酶的性质研究与表达水平对细胞的催化效率具有关键影响。

赖氨酸脱羧酶存在于很多微生物中，如大肠杆菌（E. coli）、尸杆菌、蜂房哈夫尼菌、产酸克雷伯菌（Klebsiella oxytoca）、肺炎克雷伯菌（Klebsiella pneumoniae）等。其中对来自大肠杆菌中的赖氨酸脱羧酶的应用最为广泛，特性研究较为清楚。1942 年，Gale 等在 E. coli 中发现了诱导型的赖氨酸脱羧酶 CadA，它由 715 个氨基酸组成，通常在低 pH 环境、有较高浓度 L-赖氨酸及厌氧或微氧环境中容易被诱导表达[16]。1980 年，Goldemberg 等在 E. coli 中发现了一种不耐热的赖氨酸脱羧酶，与诱导型 CadA 具有显著差异[17]，随后多篇报道证实该酶为组成型赖氨酸脱羧酶 LdcC[18, 19]。LdcC 与 CadA 之间的核酸序列和氨基酸序列相似度分别为 68% 和 69%，此外 CadA 同 LdcC 相比具有更高的热稳定性及脱羧活力。

1986年，Fecker等利用 *E. coli* HB101 质粒克隆得到了蜂房哈夫尼菌的赖氨酸脱羧酶基因，与 *E. coli* 来源的赖氨酸脱羧酶具有较高同源性[20]。2000年，Yumiko等在反刍兽新月单胞菌中发现了赖氨酸脱羧酶，并通过研究发现，该酶有两个完全相同的 43 kDa 的亚基单体，并具有 L-赖氨酸及 L-精氨酸脱羧的双重活性[21]。赖氨酸脱羧酶的发现与挖掘，为 1,5-戊二胺的生物合成奠定了坚实的基础。

2. 静息细胞催化剂的构建与优化

当前，已报道的催化 L-赖氨酸合成 1,5-戊二胺的静息细胞生物催化剂如表 3.2 所示。

表 3.2　用于 1,5-戊二胺合成的静息细胞催化剂

菌株名称	底物	产量/(g/L)	生产强度/[g/(L·h)]	得率/(g/g)	参考文献
E. coli CadA	L-赖氨酸	69	11.5	—	[22]
E. coli MG1655 CadA	L-赖氨酸	142.8	—	0.58	[23]
E. coli XL1-Blue	L-赖氨酸	133.7	1.11	0.694	[24]
E. coli JM109/pTrc99a-ldc2-41	L-赖氨酸	63.9	12.78	0.684	[25]
EcLdcC	L-赖氨酸	110.16	11.42	0.65	[26]
XBHaLDC	L-赖氨酸	136.3	1.14	0.682	[27]
E. coli BL-DAB	L-赖氨酸	221	55.25	0.666	[28]
E. coli CadM3	L-赖氨酸	418	28	—	[29]

1）赖氨酸脱羧酶的高效表达构建静息细胞催化剂

大肠杆菌来源的赖氨酸脱羧酶作为最常用的脱羧酶，被广泛应用于静息细胞催化剂的构建中。2006年，Nishi 等利用过表达赖氨酸脱羧酶 CadA 的 *E. coli* 菌株，经过 6 h 的 L-赖氨酸补料转化生产得到 69 g/L 的 1,5-戊二胺，生产强度达 11.5 g/(L·h)[22]。2015年，Kim 等通过在 *E. coli* MG1655 菌株中过表达 CadA 基因，基于催化条件的优化，转化 246.8 g/L 的 L-赖氨酸合成 142.8 g/L 1,5-戊二胺，L-赖氨酸转化率达 80%[23]。2015年，Oh 等在 *E. coli* 菌株中过表达了 *LdcC* 编码的组成型赖氨酸脱羧酶，并对宿主菌进行了筛选，最终利用过表达 LdcC 的 *E. coli* XL1-Blue 菌株转化含有 192.6 g/L L-赖氨酸的发酵液，催化 120 h 后 1,5-戊二胺产量达 133.7 g/L，L-赖氨酸转化率达到 99.90%，但转化过程中的最高生产强度仅为 4.1 g/(L·h)[24]。2018年，Shin 等在 *E. coli* 中过表达编码组成型赖氨酸脱羧酶的 LdcC

基因，获得菌株 EcLdcC，在含有 169.2 g/L L-赖氨酸的转化液中，催化 9 h 后 1, 5-戊二胺产量达 110.16 g/L[26]。

除 E. coli 以外，其他微生物来源，如克雷伯菌、蜂房哈夫尼菌等的赖氨酸脱羧酶也被用于静息细胞生物催化剂的构建中。2019 年，Kim 等将来自蜂房哈夫尼菌的赖氨酸脱羧酶在大肠杆菌中表达，构建获得菌株 XBHaLDC，在 120 h 内催化 200 g/L L-赖氨酸生成 136.3 g/L 1, 5-戊二胺，转化率达 96%[27]。Kim 和 Li 等分别在 E. coli 中过表达来自产酸克雷伯菌的赖氨酸脱羧酶（LdcC），获得的重组菌株 L-赖氨酸转化率都可达 90%以上[30, 31]。

2）基于物质转运调控的静息细胞催化优化

底物的转运是限制静息细胞催化的关键因素之一。为了增强细胞对 L-赖氨酸的转入能力，南京工业大学陈可泉课题组将酶的催化表达与底物转运调节相结合，在过表达赖氨酸脱羧酶的 E. coli BL-CadA 菌株中，进一步过表达赖氨酸/戊二胺双向转运蛋白（CadB），并采用信号肽融合策略，调控 CadB 在胞内表达的位置，从而改善菌株对底物的转入及产物的转出能力，构建获得重组菌株 E. coli BL-DAB，在最优催化条件下反应 4 h，L-赖氨酸摩尔转化率达到 92%以上，1, 5-戊二胺产量达到（221±6）g/L，生产强度可达 55.25 g/(L·h)[28]，为当前所报道的生物基 1, 5-戊二胺合成最高产量。

3）基于酶改造的静息细胞催化剂优化

通过赖氨酸脱羧酶的突变与改造提高酶活性是增强静息细胞催化剂活性的另一重要手段。2015 年，Wang 等通过易错 PCR 技术，对来自蜂房哈夫尼菌的赖氨酸脱羧酶进行定向进化，获得了酶活性提高 1.48 倍的突变体 LDC[E583G]，将该突变体转入到 E. coli 中，通过静息细胞催化 5 h，L-赖氨酸转化率为 93.4%，1, 5-戊二胺的最终浓度达到 63.9 g/L[25]。

4）基于 PLP 的静息细胞催化剂优化

赖氨酸脱羧酶是磷酸吡哆醛（PLP）依赖型酶，酶活性与 PLP 含量呈正相关。Sabo 等研究表明，1 mol/L 的赖氨酸脱羧酶蛋白需要 1.0～1.2 mol/L 的 PLP 才能达到最高酶活性[32]。Kim 等研究表明，在不添加 PLP 条件下，1 mol/L L-赖氨酸仅有 20%转化为 1, 5-戊二胺，而在转化体系中添加 0.025 mmol/L PLP 后，L-赖氨酸转化率可提升到 80%[23]。

南京工业大学陈可泉课题组通过在 1, 5-戊二胺生产菌株 BL-DAB 中构建来源于枯草芽孢杆菌（B. subtilis）的 PLP 从头合成途径（R5P 途径），获得重组菌株 AST3[33]，在最优条件下胞内 PLP 含量达到了 1051 nmol/g DCW，单位质量菌体的 1, 5-戊二胺产量达到了 28 g/(g DCW·h)，分别是菌株 BL-DAB 的 3 倍和 4.7 倍，在 7.5 L 发酵罐中利用菌株 AST3 催化合成 1, 5-戊二胺，结果表明 AST3 菌株的 1, 5-戊二胺最大产量达到 25 g/(g DCW·h)，是菌株 BL-DAB 在添加 0.1 mmol/L PLP 条件下的 1.2 倍，不添加 PLP 条件下的 2.9 倍。

2017 年，Kim 等为了解决 1, 5-戊二胺静息细胞催化过程中 PLP 的供给问题，构建了以吡哆醛为前体的 PLP 再生途径，在 0.4 mol/L L-赖氨酸和 0.2 mmol/L 吡哆醛反应体系下，转化率达 80%[34]。2019 年，该团队进一步在菌株中构建了 ATP 再生系统，解决上述菌株在高底物浓度下的转化率低下问题，使得在含有 146 g/L L-赖氨酸条件下反应 6 h，转化率达 100%[35]。

3. 赖氨酸脱羧酶 pH 耐受性的强化

1, 5-戊二胺作为一种碱性化合物，反应过程中随着其浓度的积累，反应体系 pH 逐渐升高，降低了赖氨酸脱羧酶的催化活性。因此，反应过程中为了维持催化剂的赖氨酸脱羧酶活性，需要补加大量的酸维持反应体系的 pH 处于中性范围，大大增加了反应成本，并造成一定的环境污染。因此一些研究者致力于耐碱性赖氨酸脱羧酶的设计与改造，以降低 1, 5-戊二胺积累对赖氨酸脱羧酶活性的影响。

李乃强等筛选得到了来自产酸克雷伯菌的赖氨酸脱羧酶，其在 pH 8.0 条件下仍保留最大酶活性的 30% 以上[36]。上述研究表明碱性赖氨酸脱羧酶可在一定程度上耐受 1, 5-戊二胺的生成所造成的 pH 的升高，然而实际生产中随高浓度的 1, 5-戊二胺的产生，pH 会升高至 10 以上。为解决该问题，南京工业大学陈可泉团队对赖氨酸脱羧酶 EcCadA 进行了分子改造，通过同源建模，筛选了 EcCadA 聚合单体界面上空间位置相近且不影响催化活性的氨基酸位点，对其进行突变并考察突变体的 pH 耐受性能。通过在聚合体界面间氨基酸位点 V12C/D41C 进行突变，得到的 M3 号突变体在 pH 10.0 条件下酶催化活力仍可保留最佳酶活性的 45%，是野生型 EcCadA 活力的 6 倍。在不调节 pH 的条件下进行分批补料转化，突变体菌株 E. coli CadM3 在 200 g/L 的底物浓度下进行了 4 批催化反应，平均生产强度可达到 28 g/(L·h)，1, 5-戊二胺终浓度可达 418 g/L[29]。

4. 静息细胞固定化

静息细胞催化过程中，随着 1, 5-戊二胺浓度的增加，细胞出现了裂解和转化效率下降的现象，破碎的菌体严重制约了 1, 5-戊二胺的产量，同时限制了菌体的重复使用，造成生产成本的增加。因此，开发一种可减少细胞裂解并能长时间维持菌体活力的方法对静息细胞催化生产 1, 5-戊二胺的商业化应用具有重要意义。

在防止细胞裂解和重复利用方面，固定化技术是较为有效且相对廉价的方法之一。为维持长时间多批次催化过程中菌体的催化活性以及提高菌体重复利用率，对细胞固定化的材料及方式展开了相关研究。Bhatia 等研究发现利用海藻酸钡对细胞进行固定化可以显著改善细胞结构的稳定性及催化活性[37]。相对于仅能进行 10 次重复利用的游离细胞，固定化细胞重复使用次数可提高至 18 次，并仍保留 56% 的活力。Kim 等利用海藻酸钡作为固定化材料，在 14 mL 反应器中进行 123 h 的 1, 5-戊二胺连续生产，最终得到 466.5 g/L 的 1, 5-戊二胺，提高了菌体的重复使用性 [38]。Wei 等在固定化基质中额外添加了细胞保护剂——聚乙烯吡咯烷酮（PVP），增强固定化细胞对高浓度产物 1, 5-戊二胺的耐受，在连续转化 2 h 后菌体活力仍然保持在 95% 以上，是游离细胞菌体活力的 1.79 倍，是不添加保护剂的固定化细胞菌体活力的 1.13 倍[39]。李乃强等选用聚乙烯醇包埋法固定化 *E. coli* LN3014 细胞，固定化细胞可以重复利用 30 次进行催化反应，底物到产物的转化率没有明显下降，固定化细胞的赖氨酸脱羧酶最适 pH 向碱性区域发生了迁移[40]。此外，Seo 等也对新型固定化方式进行了研究，利用 phasin 蛋白与 LDC 蛋白融合表达并在细胞内结合聚羟基脂肪酸酯（PHA），实现 LDC 胞内的原位固定化[41]。

综上所述，当前静息细胞催化生产 1, 5-戊二胺的工艺与直接发酵法相比，操作简单、生产周期短、目标产物产量高，但是其原料成本要高于直接发酵法。因此，南京工业大学陈可泉团队为了降低整个生产工艺成本，直接以 L-赖氨酸发酵液为原料，利用静息细胞转化制备 1, 5-戊二胺，结果表明与利用 L-赖氨酸成品作为底物的转化率基本无异。同时，鉴于 1, 5-戊二胺为碱性产物，在其生成的过程中，转化体系的 pH 会随着产物的浓度上升而上升，因而，需要添加大量的强酸来控制转化体系 pH 以维持细胞活力。酸的加入无疑会增加设备的投资和产生大量酸碱废水。同时，L-赖氨酸脱羧的过程中会释放一分子的 CO_2，CO_2 作为一种酸性气体，可以一定程度上溶解在水里，达到调节 pH 的作用。该课题组在转化过程中通过密封反应釜，从而使脱羧过程中的 CO_2 最大限度地溶解到转化液中来反调 pH，为 1, 5-戊二胺静息细胞催化的工业化应用奠定了坚实的基础[42]。

3.4.3　微生物发酵合成 1, 5-戊二胺

1. 1, 5-戊二胺的微生物代谢途径

在微生物体内，1, 5-戊二胺的合成途径主要从葡萄糖出发，经过糖酵解途径进入三羧酸循环，从草酰乙酸经过转氨酶的作用进入 L-天冬氨酸途径。中间代谢物 L-天冬氨酸经两步酶催化反应生成天冬氨酸半醛，进而经 Δ1-哌啶-2, 6-二羧酸生成二氨基庚二酸进而脱羧生成 L-赖氨酸，最后在赖氨酸脱羧酶的作用下脱羧合成 1, 5-戊二胺（图 3.7）[43]。

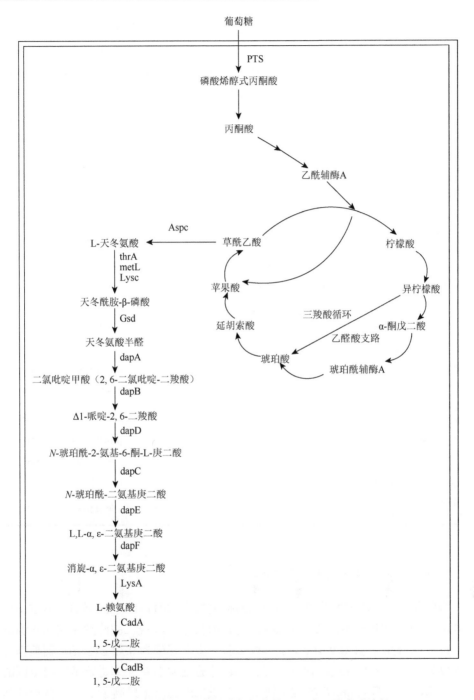

图 3.7　大肠杆菌和谷氨酸棒状杆菌的 1, 5-戊二胺合成途径

目前用于发酵法生产 1,5-戊二胺的菌种主要有 L-赖氨酸生产菌种大肠杆菌
（*E. coli*）、谷氨酸棒状杆菌（*C. glutamincum*）等，如表 3.3 所示。1,5-戊二胺在
E. coli 和 *C. glutamincum* 中的合成路径的区别主要在于其前体 L-赖氨酸的合成途
径中 Δ1-哌啶-2,6-二羧酸到二氨基庚二酸的反应路径[44, 45]。

表 3.3　1,5-戊二胺生产菌株汇总

菌株名称	碳源	产量/(g/L)	生产强度/[g/(L·h)]	得率/(g/g)	培养工艺	参考文献
大肠杆菌						
E. coli XQ56（p15CadA）	葡萄糖	9.61	0.32	0.12	补料分批发酵	[6]
E. coli XQ56（p15CadA）anti-murE	葡萄糖	12.6	0.18	—	补料分批发酵	[46]
E. coli DHK4	半乳糖	8.8	0.293	0.17	补料分批发酵	[47]
E. coli NT1004 和 LCM03	葡萄糖、甘油	28.5	0.57	0.209	恒速补料发酵	[48]
谷氨酸棒状杆菌						
C. glutamicum TM45	葡萄糖	2.6	0.052	0.144	摇瓶培养	[49]
C. glutamicum DAP-3c	葡萄糖	30.6	—		摇瓶培养	[50]
C. glutamicum DAP-16	葡萄糖	88	2.2	0.29	补料分批发酵	[51]
C. glutamicum CDV-2	葡萄糖	2.75	0.0764	—	摇瓶培养	[52]
C. glutamicum KCTC 1857/pCES208H30ECLdcC	葡萄糖	40.91	0.62	0.215	补料分批发酵	[53]
C. glutamicum G-H30	葡萄糖	103.78	1.47	0.303	补料分批发酵	[54]
C. glutamicum DAP-Xyl1	木糖	1.42	0.044	0.112	摇瓶发酵	[55]
C. glutamicum DAP-Xyl2	木糖	103	1.37	0.218	补料分批发酵	[56]
Bacillus methanolicus MGA3（pTH1mp-cadA）	甲醇	11.3	—	—	摇瓶发酵	[57]

2. 大肠杆菌发酵合成 1,5-戊二胺

当前利用 *E. coli* 发酵生产 1,5-戊二胺研究较少。2011 年，Qian 等通过在 *E. coli*
W3110 中过表达赖氨酸脱羧酶 CadA，同时抑制与 1,5-戊二胺降解相关的代谢途
径，经 30 h 发酵后获得 9.61 g/L 1,5-戊二胺，生产强度为 0.32 g/(L·h)，葡萄糖转
化率仅为 0.12 g/g[6]。在该菌株基础上，Na 等通过 sRNA 文库进行基因组范围的
敲除筛选，发现基因 *murE* 的敲除使得 1,5-戊二胺的产量提高了 55%，获得的基
因工程菌株采用分批发酵策略进行培养，1,5-戊二胺产量可达 12.6 g/L[46]。除此之
外，利用其他碳源发酵生产 1,5-戊二胺的研究也有报道。例如，Kwak 等通过对

E. coli 中的半乳糖利用途径和 L-赖氨酸合成途径进行改造，实现了以半乳糖为碳源生产 1, 5-戊二胺，产量为 8.8 g/L，生产强度为 0.293 g/(L·h)，对半乳糖的收率为 0.17 g/g[47]。

1, 5-戊二胺对细胞的毒性是制约 1, 5-戊二胺发酵产量的关键因素之一，1, 5-戊二胺可以与膜上的孔蛋白 OmpC、OmpF 结合，从而造成膜孔蛋白的关闭，进而影响细胞对培养基中营养物的吸收和阻遏胞内有害代谢物的外排[58]，而且胞内 1, 5-戊二胺在关闭膜孔蛋白的能力比在胞外时更强[59]。南京工业大学陈可泉团队于 2018 年，构建了 1, 5-戊二胺发酵的双菌体系，如图 3.8 所示，将 L-赖氨酸合成与 1, 5-戊二胺转化分别在不同菌株中进行，减弱由胞内高浓度 1, 5-戊二胺造成的对 L-赖氨酸合成菌生长的影响，从而实现 1, 5-戊二胺产量的提升。同时通过改造 1, 5-戊二胺转化菌株的葡萄糖转运系统，解除两个菌株对葡萄糖的竞争利用，最终以葡萄糖和甘油为共碳源，1, 5-戊二胺产量可达 28.5 g/L[48]，为当前大肠杆菌发酵合成 1, 5-戊二胺的最高产量水平。

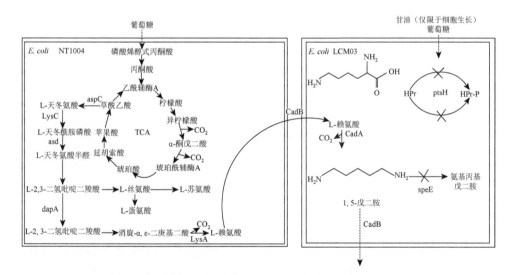

图 3.8　混菌发酵中 1, 5-戊二胺合成途径

同时，南京工业大学团队出于降低生产成本的需求，构建了 pH 依赖的 1, 5-戊二胺生物催化及丁二酸发酵的过程耦合体系（图 3.9），实现了一步法合成戊二胺丁二酸盐，过程中酸碱零添加，且减少了赖氨酸脱羧的 CO_2 排放[60]。首先将含有脱羧酶的重组质粒 EcCadA-M3 导入至一株丁二酸高产菌株 E. coli AFP111 中，构建得到一株可同步生产 1, 5-戊二胺及丁二酸的基因工程菌株 E. coli SC01。该耦合过程中依据体系 pH 的变化调控 L-赖氨酸的流加，并利用脱羧产物 1, 5-戊二胺

与发酵产物丁二酸自身的酸碱特性使其互为酸碱中和剂，调控同步生产过程体系
pH，实现全过程外源酸碱中和剂的零添加。在最优条件下，1, 5-戊二胺和丁二酸
的产量分别达到 23.7 g/L 和 27.8 g/L，是优化前的 1.2 倍和 3 倍。^{13}C 标记实验证
明 L-赖氨酸脱羧反应释放出的 CO_2 有 75.45%可以被丁二酸代谢合成途径固定用
于生产丁二酸。通过优化发酵过程，在无外源 CO_2 添加的条件下，经过 72 h 发酵，
丁二酸及 1, 5-戊二胺产量分别为 21.2 g/L 和 22.0 g/L。

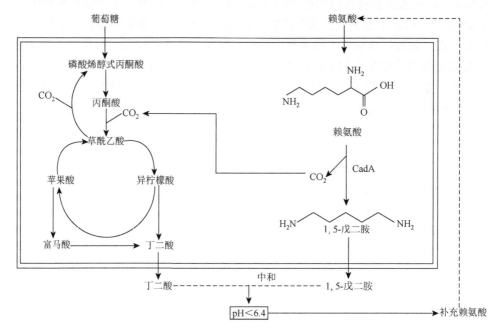

图 3.9　发酵生产丁二酸及转化合成 1, 5-戊二胺过程耦合示意图[62]

3. 谷氨酸棒状杆菌发酵合成 1, 5-戊二胺

谷氨酸棒状杆菌自 1957 年由 Kinoshita 等筛选出至今 60 多年，作为 L-赖氨
酸的主要生产菌的研究也已经超过 50 年的历史，目前每年有近 200 万 t 的 L-赖氨
酸是利用谷氨酸棒状杆菌生产的。谷氨酸棒状杆菌经过早期的随机突变、定向进
化选育，以及近年来基因组学、转录组学、代谢组学、代谢通量组学的研究，对
其在 L-赖氨酸合成调控方面已经有了非常深入的了解，因此谷氨酸棒状杆菌被认
为是发酵法生产 1, 5-戊二胺的理想宿主。但是谷氨酸棒状杆菌中没有赖氨酸脱羧
酶，使其缺乏 1, 5-戊二胺的天然合成途径。2007 年，Mimitsuka 等通过将来源于
大肠杆菌的赖氨酸脱羧酶 CadA 整合到谷氨酸棒状杆菌，成功实现了谷氨酸棒状
杆菌发酵生产 1, 5-戊二胺，产量达 2.6 g/L，得率为 0.144 g/g 葡萄糖 [49]。

德国的 Christoph Wittmann 团队在谷氨酸棒状杆菌发酵合成 1, 5-戊二胺方面

开展了大量研究。2010 年，该团队 Kind 等对谷氨酸棒状杆菌生产 1,5-戊二胺的菌株进行了系统改造，包括解除 L-赖氨酸的反馈抑制、优化前体草酰乙酸的供给、过表达途径基因增强代谢通量、优化赖氨酸脱羧酶的表达等，使得 1,5-戊二胺的产量达 30.6 g/L[50]。同年，该团队进一步解析获得了谷氨酸棒状杆菌中的 N-乙酰戊二胺途径，通过对该途径的敲除，避免了 1,5-戊二胺的内源降解，使得 1,5-戊二胺的产量提高了 11%[61]。2011 年，该团队进一步通过转录组学分析解析获得了谷氨酸棒状杆菌中与 1,5-戊二胺分泌相关的主要转运蛋白 cg2894，该基因的敲除使得 1,5-戊二胺的外排能力下降了 90%[51]。在上述研究的基础上，2014 年，Kind 等通过在谷氨酸棒状杆菌中过表达大肠杆菌脱羧酶 LdcC 和 1,5-戊二胺分泌蛋白 cg2894，同时敲除控制 L-赖氨酸外排蛋白基因 NCgl1469 和 lysE，获得工程菌株 C. glutamicum DAP-16，在葡萄糖分批补料发酵策略下，1,5-戊二胺产量达 88 g/L，生产强度为 2.2 g/(L·h)，产量为 0.29 g/g葡萄糖[62]。

此外，Li 等通过在谷氨酸棒状杆菌中过表达 E. coli 的赖氨酸/戊二胺双向转运蛋白（CadB）使 1,5-戊二胺的外排速率增加了 22%，总产量及发酵液中 1,5-戊二胺含量分别增加了 30%和 73%[52]。2015 年，Oh 等设计合成了 6 个不同强度启动子调控 E. coli LdcC 在谷氨酸棒状杆菌中的表达强度，确定了启动子 PH30 调控 LdcC 的表达最有利于 1,5-戊二胺的高产，采用葡萄糖分批补料策略，使得 1,5-戊二胺的产量可达 40.91 g/L[53]。以上研究为谷氨酸棒状杆菌的代谢改造提供了新的策略。

2018 年，Kim 等在前人研究的基础上，将 E. coli LdcC 在启动子 H30 的调控下在高产 L-赖氨酸的谷氨酸棒状杆菌 C. glutamicum PKC 中表达，并整合到基因组上，同时敲除 L-赖氨酸外排基因 lysE，使得 1,5-戊二胺的产量达 103.78 g/L[54]，成为当前报道发酵法生产 1,5-戊二胺的最高水平。该团队进一步将发酵制备的 1,5-戊二胺通过分离纯化，用于制备 PA510。

以上研究过程中均利用葡萄糖为碳源，以其他原料为碳源发酵制备 1,5-戊二胺的研究也有较多报道。早在 2011 年，德国 Buschke 等就开展了以谷氨酸棒状杆菌为宿主发酵木糖合成 1,5-戊二胺的研究，通过在合成 1,5-戊二胺的谷氨酸棒状杆菌中表达来源于大肠杆菌的木糖异构酶基因 xylA 和木酮糖激酶基因 xylB，构建的菌株 C. glutamicum DAP-Xyl1 被赋予了木糖利用能力，以木糖为唯一碳源时，1,5-戊二胺的产量达 1.42 g/L[55]。2013 年，该团队进一步通过对比谷氨酸棒状杆菌 C. glutamicum DAP-Xyl1 利用葡萄糖和木糖在代谢流和转录组上的差异，找到影响谷氨酸棒状杆菌利用木糖发酵生产 1,5-戊二胺的关键基因，从而过表达果糖二磷酸酶（Fbp）和木糖合成途径中的 Tkt 操纵子，抑制异柠檬酸脱氢酶（Icd）的表达及敲除 L-赖氨酸转运蛋白（LysE）和 N-乙酰戊二胺合成基因 cg1722，成功构建了一株利用木糖为碳源的基因工程菌，经补料分批发酵，最终 1,5-戊二胺的产量达到 103 g/L[56]。

4. 其他菌株发酵生产 1,5-戊二胺

一些甲醇芽孢杆菌在自然条件下也可以合成 L-赖氨酸。经人工改造获得的高产 L-赖氨酸的甲醇芽孢杆菌，通过高密度细胞补料培养的方式生产 L-赖氨酸，其产量为 65 g/L。甲醇芽孢杆菌虽然自身不合成 1,5-戊二胺，但是该菌株对 1,5-戊二胺有一定的耐受性，可作为合成 1,5-戊二胺的宿主菌之一。因此，有学者通过表达外源赖氨酸脱羧酶，使甲醇芽孢杆菌具有合成 1,5-戊二胺的能力。Naerdal等以甲醇芽孢杆菌为出发菌株，异源表达两种 LDC 基因（*cadA* 和 *ldcC*），以甲醇为原料进行 1,5-戊二胺的高密度发酵培养，最终产量可以达到 11.3 g/L[57]。

3.4.4　1,5-戊二胺的分离纯化

1. 溶剂萃取法

目前，1,5-戊二胺的分离纯化主要借鉴其他二元胺的分离纯化方法，比较常用的分离方法是溶剂萃取法，此方法具有能耗低、选择性高、分离效果好、设备简单、操作方便等优点。

在萃取剂选择方面，Kind 等对比了 1,5-戊二胺在正丁醇、仲丁醇、仲辛醇和环己醇中的分配系数，结果表明正丁醇可以较好地萃取 1,5-戊二胺[62]。Krzyzaniak等对比了 4-壬基酚、2-乙基己基磷酸酯、新癸酸、2-壬基萘磺酸和 4-辛基苯甲醛作为 1,5-戊二胺萃取剂的分配系数，结果表明在萃取温度 25℃时，4-壬基酚的萃取效果最好，通过一步萃取及反萃取后，1,5-戊二胺的萃取率超过了 90%[63]。巴斯夫欧洲公司在专利中提出的 1,5-戊二胺分离方法为：将发酵液菌体除去，通过加入金属氢氧化物或碱土氢氧化物将发酵液调整到 pH 高于 12，碱性发酵液经热处理，接着选用偶质子极性有机试剂（如链烷醇或环烷醇）进行萃取，最后利用精馏塔进行精馏提纯，具体流程如图 3.10 所示[64]。然而，其具体条件需要依据萃取液中 1,5-戊二胺的浓度、萃取剂的物性等因素的变化而确定。

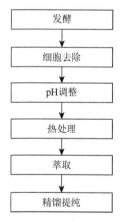

图 3.10　1,5-戊二胺的提纯流程图

除溶剂萃取外，蒋丽丽等用固定化细胞生产 1,5-戊二胺，将制备 1,5-戊二胺的反应液先经过加热处理，然后用活性炭对反应液进行脱色处理，获得的无色透明液体用旋转蒸发仪浓缩，浓缩后的溶液调节 pH 为 9.0，再用 180℃油浴进行精馏，最终得到含有刺激性气味的无色油状 1,5-戊二胺液体[65]。

2. 离子交换法

除了萃取精馏的方法，离子交换法也被用于 1,5-戊二胺的分离纯化。上海凯赛生物技术股份有限公司将 1,5-戊二胺的溶液用阳离子树脂进行吸附，接着对吸附在树脂上的 1,5-戊二胺进行洗脱，获得戊二胺盐。此法提高了 1,5-戊二胺的收率，经树脂吸附后的处理液中基本不含有 1,5-戊二胺，且树脂中不会吸附四氢吡啶、菌体、蛋白质等杂质，因而得到的 1,5-戊二胺纯度高、含杂量低。而经过树脂吸附得到的处理溶液也不含有极性有机溶剂，对环境无害并容易处理，降低了对环境的污染和分离成本。同时，利用二元酸洗脱得到的 1,5-戊二胺二元酸溶液可以直接作为合成高性能聚酰胺的原料使用。

目前，1,5-戊二胺的分离纯化研究尚处于实验室阶段，与化学法制备的其他二元胺相比，生物法制备的 1,5-戊二胺发酵液或转化液中成分相对复杂，因此开发出满足工业化生产需求的生物基 1,5-戊二胺的分离纯化工艺对 1,5-戊二胺的产业化具有重要的意义。

3.4.5　1,5-戊二胺的国内外产业化现状

在国外，日本味之素株式会社利用天然植物油催化制备 L-赖氨酸，通过赖氨酸脱羧酶催化脱羧工艺得到 1,5-戊二胺。在 2012 年，日本味之素株式会社和东丽株式会社签署协议，以味之素株式会社的发酵技术生产的 L-赖氨酸为原料，对生产制造 PA56 的原料 1,5-戊二胺进行合作研究。

在国内，生物基二元胺生产只有上海凯赛生物技术股份有限公司有相关报道。2014 年该公司开始建设年产 10 万 t 1,5-戊二胺项目，新疆乌苏生产基地作为其在中国新投资的生产基地，一期总投资超过 4 亿美元，实现年产能 5 万 t 生物基 1,5-戊二胺，目前已经投产。2018 年新疆乌苏市人民政府对凯赛（乌苏）生产基地追加投资 35 亿元来扩产一期，新增年产 5 万 t 生物基 1,5-戊二胺。此外，中国科学院微生物研究所与宁夏伊品生物科技股份有限公司共同建立了 1,5-戊二胺/尼龙 5X 盐中试生产线。南京工业大学陈可泉团队建立了生物基 1,5-戊二胺年产百吨的中试生产线。

当前生物基 1,5-戊二胺合成的专利如表 3.4 所示。

表 3.4　生物基 1,5-戊二胺合成的专利

年份	专利名称	申请人	申请号	状态
2012	在蜂房哈夫尼菌中稳定的重组表达质粒载体及其应用	上海凯赛生物技术研发中心有限公司	CN201210177392.X	专利申请权、专利权的转移
2014	一种 1,5-戊二胺的纯化方法及 1,5-戊二胺	上海凯赛生物技术研发中心有限公司	CN201480083876.5	发明专利更正

年份	专利名称	申请人	申请号	状态
2014	一种戊二胺的纯化方法	上海凯赛生物技术研发中心有限公司	CN201410153144.0	授权
2014	一种催化生产1,5-戊二胺的工程菌及其应用	宁夏伊品生物科技股份有限公司	CN201410302561.7	授权
2014	1,5-戊二胺的制备方法	上海凯赛生物技术研发中心有限公司；CIBT 美国公司	CN201410004636.3	实审
2015	全细胞催化生产1,5-戊二胺的大肠杆菌工程菌及应用	中国科学院微生物研究所	CN201580005254.5	专利申请权、专利权的转移
2015	一株生产戊二胺的基因工程菌及其制备戊二胺的方法	天津科技大学	CN201510767145.9	授权
2016	固定化赖氨酸脱羧酶、其制备、1,5-戊二胺制备方法及产品	上海凯赛生物技术研发中心有限公司	CN201610726632.5	实审
2016	一种1,5-戊二胺的提取方法	上海凯赛生物技术研发中心有限公司	CN201610084352.9	实审
2016	一种1,5-戊二胺的提取方法	上海凯赛生物技术研发中心有限公司	CN201610083702.X	专利申请权、专利权的转移
2016	固定化赖氨酸脱羧酶、其制备、1,5-戊二胺制备方法及产品	上海凯赛生物技术研发中心有限公司	CN201610728670.4	实审
2016	包括二氧化碳脱除工艺的发酵生产戊二胺的方法	宁夏伊品生物科技股份有限公司、中国科学院微生物研究所	CN201610322421.5	专利申请权、专利权的转移
2016	一种从含1,5-戊二胺盐的溶液体系中提取1,5-戊二胺的方法	上海凯赛生物技术研发中心有限公司	CN201610083713.8	实审
2016	利用副产物二氧化碳自控pH 的全催化生产戊二胺的方法	宁夏伊品生物科技股份有限公司	CN201610227775.1	实审
2016	固定化赖氨酸脱羧酶、其制备、1,5-戊二胺制备方法及产品	上海凯赛生物技术研发中心有限公司	CN201610726608.1	授权
2016	一种从含1,5-戊二胺盐的溶液体系中提取1,5-戊二胺的方法	上海凯赛生物技术研发中心有限公司	CN201610104672.6	实审
2016	一种固定化细胞连续生产萃取戊二胺的装置	南京工业大学	CN201610609856.8	授权
2016	一种基因工程菌及其在生产1,5-戊二胺中的用途	南京工业大学	CN201610365537.7	实审
2016	一种微生物联合培养生产1,5-戊二胺的方法	南京工业大学	CN201610609543.2	实审
2016	一种耐受有毒产物的细胞固定化方法及其固定化细胞生产1,5-戊二胺工艺	南京工业大学	CN201610368936.9	实审

续表

年份	专利名称	申请人	申请号	状态
2017	一种 1, 5-戊二胺的分离方法	上海凯赛生物技术研发中心有限公司	CN201710011198.7	实审
2017	一种 1, 5-戊二胺的分离方法	上海凯赛生物技术研发中心有限公司	CN201710011290.3	实审
2017	一种连续精制戊二胺的装置和方法	南京工业大学	CN201711153335.7	实审
2017	一种利用超高交联树脂吸附分离戊二胺的方法	南京工业大学	CN201710107275.9	授权
2017	一种 1, 5-戊二胺连续逆流萃取工艺及设备	南京工业大学	CN201710349567.3	实审
2017	生产 1, 5-戊二胺的方法	上海凯赛生物技术研发中心有限公司	CN201710453415.8	实审
2018	一种戊二胺的纯化方法	天津大学	CN201811586227.3	实审
2018	一种 1, 5-戊二胺的制备方法	河北美邦工程科技股份有限公司	CN201810985795.4	实审
2018	1, 5-戊二胺的制备方法	上海凯赛生物技术研发中心有限公司	CN201811506539.9	实审
2018	发酵生产戊二胺的方法及其提取方法	宁夏伊品生物科技股份有限公司	CN201811490284.1	实审
2018	一种大肠杆菌及其在发酵生产 1, 5-戊二胺中的应用	南京工业大学	CN201810947735.3	实审
2018	一种利用豆渣水解液发酵生产 1, 5-戊二胺的方法	南京工业大学	CN201810954086.X	实审
2019	一种分离纯化戊二胺的方法	南京工业大学	CN201910308717.5	实审
2019	一种固定化赖氨酸脱羧酶生产戊二胺的方法	南京工业大学	CN201910256808.9	实审

3.5　生物基 1, 6-己二胺

3.5.1　1, 6-己二胺的结构与性质

　　1, 6-己二胺，又名 1, 6-二氨基己烷（1, 6-hexanediamine），分子式为 $C_6H_{16}N_2$，分子量为 116.2，密度为 0.9 g/cm³，熔点为 39～43℃，沸点为 204～205℃。1, 6-己二胺在常温常态下为白色片状的结晶体，有氨臭味，可燃，有毒且具有腐蚀性，溶于水、乙醇和苯，难溶于环己烷、乙醚和四氯化碳。

　　1, 6-己二胺分子中含有两个具有反应活性的官能团，因此可以生成多种重要的化学品。常用来与己二酸、癸二酸等二元酸反应生产尼龙产品 PA66、PA610 等，然后再制成各种尼龙纤维、尼龙树脂和工程塑料产品，是合成生物基聚酰胺材料中非常重要

的中间体。1,6-己二胺可发生光化反应，生成己二异氰酸酯。它是1,6-己二胺重要的下游产品，是一种新型的聚氨酯原料，以其制备的聚氨酯具有无毒、强度高、密度小、绝热隔热性能好、加工成型简单、阻燃耐热性能均优于其他同类型塑料等优点。此外，1,6-己二胺还可用作脲醛树脂、环氧树脂等的固化剂、交联剂，橡胶制品的添加剂，混凝土复合添加剂、纺织和造纸工业的稳定剂、漂白剂及天然纤维的改性剂等。

3.5.2　生物基1,6-己二胺的合成

当前以可再生的碳源为原料发酵合成1,6-己二胺尚未实现。一些专利中提出了生物合成1,6-己二胺的非天然途径，当前也在进行实验验证[66,67]。

此外，1,6-己二胺可以用己二腈、己二醇、己内酰胺和丁二烯为原料进行生产，但几乎所有大规模的生产方法都是以石油来源的己二腈为原料。当前，以蓖麻油为原料生产己二腈进而合成1,6-己二胺的研究受到关注。

将利用蓖麻油制备的己二酸和过量的氨在催化剂磷酸或其盐类或酯类存在下，在270～290℃温度下进行反应，生成己二酸二铵，然后加热脱水，生成粗己二腈，经精馏可得精制的己二腈。

工业上以己二腈为原料制备1,6-己二胺有两种方法：高压法和低压法。高压法采用Co-Cu催化剂，其反应温度为100～135℃，压力为60～65 MPa；也可以用Fe作为催化剂，反应温度为100～180℃，压力为30～35 MPa，此法生产的1,6-己二胺选择性为90%～95%。低压法采用雷尼镍、Fe-Ni或Cr-Ni催化剂，反应在NaOH溶液中进行，反应温度为75～100℃，压力为3～5 MPa，此法生产的1,6-己二胺选择性可达99%。反应生成的粗1,6-己二胺与水进行恒沸精馏，然后经数次真空蒸馏，便可获得高纯度1,6-己二胺。

此外，美国Rennovia公司采用空气氧化工艺，选用非粮食木质素为原料，在催化条件下氧化得到葡萄糖二酸，经催化加氢得到己二酸，同时也可以获得生物基1,6-己二胺。应用该技术生产的生物基1,6-己二胺的成本预计比石油基1,6-己二胺低20%～25%，并可减少50%的温室气体排放[68]。

生物基1,6-己二胺合成的研究处于起步阶段，距离产业化生产还有很长的距离，未来随着对1,6-己二胺合成途径及关键因素的进一步研究，将会推进生物基1,6-己二胺的产业化。

3.6　其他长链生物基二元胺的生产

3.6.1　生物转化长链醇合成二元胺

长链二元胺（碳原子数＞6）同样可作为单体用于聚酰胺的合成，同短链二元

胺相比，长链二元胺具有低吸湿性和高机械阻力等特点[69]。当前，由于对长链二元胺代谢途径缺乏认识，发酵可再生碳源生产长链二元胺的研究未见相关报道。有少数研究者采用静息细胞催化法用于长链二元胺的生物合成。2014 年，Klatte 和 Wendisch 通过将来源于嗜热脂肪芽孢杆菌（*Bacillus stearothermophilus*）的乙醇脱氢酶、*V. fluvialis ta* 的 ω-转氨酶和枯草芽孢杆菌（*Bacillus subtilis*）中的 L-丙氨酸脱氢酶在大肠杆菌中异源表达，构建获得静息细胞催化剂。该途径中醇脱氢酶和 ω-转氨酶将醇转化为胺，L-丙氨酸脱氢酶再生用于氧化和转氨作用的 NAD^+ 和 L-丙氨酸，使整个生物转化途径成为氧化还原平衡状态。运用该菌株实现了 1,8-二氨基辛烷、癸二胺和 1,12-二氨基十二烷的生物合成，转化率分别为 87%、100%和 60%[70]。2018 年，Sung 等通过在大肠杆菌中过表达来源于集胞藻（*Synechocystis* sp.）的乙醇脱氢酶和波姆罗伊集胞藻（*Synechocystis pomeroyi*）中的 ω-转氨酶获得静息细胞催化剂，实现了生物催化长链二元醇合成二元胺的研究[71]。使用这种静息细胞生物催化，实现了 1,8-二氨基辛烷、癸二胺、1,12-二氨基十二烷和 1,14-二氨基十四烷的生物合成，转化率分为 96%、57%、39%和 21%。

3.6.2 以油脂为原料化学催化合成二元胺

1. 生物基壬二胺

壬二胺是 C_9 脂肪族二胺，主要用于生产耐热性聚酰胺树脂 PA9T。壬二胺与乙二胺、1,6-己二胺等二元胺反应特性相似，因此也被用作各种精细化学品的原料及聚酰胺、聚氨酯的原料。以蓖麻油为原料，通过水解、裂解、酸化或者微生物发酵等过程可合成壬二酸，进一步对壬二酸进行氰化、胺化可制得壬二胺。

2. 癸二胺

癸二酸可以从蓖麻油中获得，因此可以进一步地以生物基癸二酸和氨气为原料，使用复合型催化剂合成癸二腈。再以癸二腈和氢气为原料、雷尼镍为催化剂可合成癸二胺。相应反应方程式如图 3.11 所示。

3. 十三碳二胺

Nieschlag 等在 20 世纪 70 年代利用植物油提取的芥酸（1,13-十三碳二酸）为原料，经过氰化、胺化制得 1,13-十三碳二胺[72]。Samanta 等以蓖麻油为原料，先得到 1,13-十三碳二酸，然后再制备为 1,13-十三碳二胺[73]。

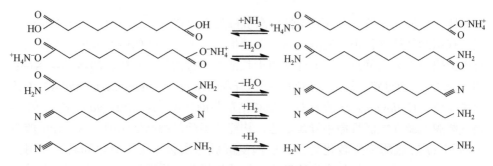

图 3.11　癸二酸制备癸二胺的反应方程式

3.7　生物基二元胺制备的前景与展望

　　生物基二元胺的发展面临两个问题，一个是原料来源，另一个是过程成本。在开发生物基二元胺的初期，主要关注原料是否可以再生，然而在发展过程中经常会发现可再生的资源很多，但能够作为二元胺原料的可再生资源有限。以中国、日本、韩国为代表，正在进行生物基二元胺生产原料的扩展研究，主要包括：①废弃物，如食品废弃物、餐厨垃圾、家畜排泄物、建筑废弃物、旧纸张等；②未利用废弃物，如农作物非食用部分、林地残留物等；③资源作物，如以能源、制品原料为目的的油脂植物、糖类作物等；④新类型作物，如海洋植物、转基因植物等，从而减少目前生物基二元胺的生产对粮食作物、经济作物使用量的占用，更好地发挥生物基塑料的环境友好性。

　　另外，微生物合成有机胺的过程中，大多伴随着氨基酸脱羧释放 CO_2 的过程。CO_2 的排放不仅对环境形成污染，也造成了碳原子的损失，降低了产品的得率。因此，如果将有机胺生产过程中排放的 CO_2 回收利用，对开发有机胺的绿色生物合成工艺，提高有机胺的合成效率具有重要意义。此外有机胺属于碱性化合物，生产过程中随着产品的积累，反应体系的 pH 随之升高，为了维持细胞的催化速率，需要加入大量的酸维持反应 pH，增加了反应成本。因此开发耐碱的有机胺生产菌株，对降低反应过程成本至关重要。

参 考 文 献

[1]　钱伯章. 尼龙新产品的开发应用. 国外塑料，2011（2）：36-43.

[2]　Tabor C W，Tabor H. Polyamines in microorganisms. Microbiol Rev，1985，49：81-99.

[3]　Dasu V V，Nakada Y，Ohnishi-Kameyama M，et al. Characterization and a role of *Pseudomonas aeruginosa* spermidine dehydrogenase in polyamine catabolism. Microbiology，2006，152：2265-2272.

[4]　Ikai H，Yamamoto S. Identifcation and analysis of a gene encoding L-2, 4-diaminobutyrate: 2-ketoglutarate 4-aminotransferase involved in the 1, 3-diaminopropane production pathway in *Acinetobacter baumannii*. J

Bacteriol，1997，179：5118-5125.

[5]　Chae T U，Kim W J，Choi S，et al. Metabolic engineering of *Escherichia coli* for the production of 1, 3-diaminopropane, a three carbon diamine. Sci Rep-UK，2015，5：13040.

[6]　Qian Z G，Xia X X，Lee S Y. Metabolic engineering of *Escherichia coli* for the production of putrescine：A four carbon diamine. Biotechnol Bioeng，2009，104（4）：651-662.

[7]　Schneider J，Eberhardt D，Wendisch V F. Improving putrescine production by *Corynebacterium glutamicum* by fine-tuning ornithine transcarbamoylase activity using a plasmid addiction system. Appl Microbiol Biot，2012，95（1）：169-178.

[8]　Noh M，Yoo S M，Kim W J，et al. Gene expression knockdown by modulating synthetic small RNA expression in *Escherichia coli*. Cell Syst，2017，5（4）：418-426.

[9]　Schneider J，Wendisch V F. Putrescine production by engineered *Corynebacterium glutamicum*. Appl Microbiol Biot，2010，88（4）：859-868.

[10]　Nguyen A Q D，Schneider J，Wendisch V F. Elimination of polyamine *N*-acetylation and regulatory engineering improved putrescine production by *Corynebacterium glutamicum*. J Biotechnol，2015，201：75-85.

[11]　Nguyen A Q D，Schneider J，Reddy G K，et al. Fermentative production of the diamine putrescine：System metabolic engineering of *Corynebacterium glutamicum*. Metabolites，2015，5：211-231.

[12]　Li Z，Shen Y P，Jiang X L，et al. Metabolic evolution and a comparative omics analysis of *Corynebacterium glutamicum* for putrescine production. J Ind Microbiol Biot，2018，45（2）：123-139.

[13]　Uhde A，Youn J W，Maeda T，et al. Glucosamine as carbon source for amino acid-producing *Corynebacterium glutamicum*. Appl Microbiol Biot，2013，97：1679-1687.

[14]　Meiswinkel T M，Gopinath V，Lindner S N，et al. Accelerated pentose utilization by *Corynebacterium glutamicum* for accelerated production of lysine, glutamate, ornithine and putrescine. Microb Biotechnol，2013，6：131-140.

[15]　Meiswinkel T M，Rittmann D，Lindner S N，et al. Crude glycerol-based production of amino acids and putrescine by *Corynebacterium glutamicum*. Bioresour Technol，2013，145：254-258.

[16]　Gale E F，Epps H M. The effect of the pH of the medium during growth on enzymic activities of bacteria (*Escherichia coli* and *Micrococcus lysodeikticus*) and the biological significance of the changes produced. Biochem J，1942，36（7-9）：600-618.

[17]　Goldemberg S H. Lysine decarboxylase mutants of *Escherichia coli*：Evidence for two enzyme forms. J Bacteriol，1980，141（3）：1428.

[18]　Kikuchi Y，Kojima H，Tanaka T，et al. Characterization of a second lysine decarboxylase isolated from *Escherichia coli*. J Bacteriol，1997，179（14）：4486-4492.

[19]　Yamamoto Y，Miwa Y，Miyoshi K，et al. The *Escherichia coli* ldcC gene encodes another lysine decarboxylase, probably a constitutive enzyme. Genes Genet Syst，1997，72（3）：167-172.

[20]　Fecker L F，Beier H，Berlin J. Cloning and characterization of a lysine decarboxylase gene from *Hafnia alvei*. Mol Gen Genet，1986，203（1）：177-184.

[21]　Takatsuka Y，Yamaguchi Y，Ono M，et al. Gene cloning and molecular characterization of lysine decarboxylase from *Selenomonas ruminantium* delineate its evolutionary relationship to ornithine decarboxylases from eukaryotes. J Bacteriol，2000，182（23）：6732-6741.

[22]　Nishi K，Endo S，Mori Y，et al. Method for producing cadaverine dicarboxylate and its use for the production of nylon：EP1482055（B1）. 2006-01-03.

[23]　Kim H J，Kim Y H，Shin J H，et al. Optimization of direct lysine decarboxylase biotransformation for cadaverine

production with whole-cell biocatalysts at high lysine concentration. J Microbiol Biotechn，2015，25（7）：1108-1113.

[24] Oh Y H，Kang K H，Kwon M J，et al. Development of engineered *Escherichia coli* whole-cell biocatalysts for high-level conversion of L-lysine into cadaverine. J Ind Microbiol Biot，2015，42（11）：1481-1491.

[25] Wang C，Zhang K，Chen Z J，et al. Directed evolution and mutagenesis of lysine decarboxylase from *Hafnia alvei* AS1.1009 to improve its activity toward efficient cadaverine production. Biotechnol Bioproc E，2015，20（3）：439-446.

[26] Shin J，Joo J C，Lee E，et al. Characterization of a whole-cell biotransformation using a constitutive lysine decarboxylase from *Escherichia coli* for the high-level production of cadaverine from industrial grade L-lysine. Appl Biochem Biotech，2018，185（4）：909-924.

[27] Kim H T，Baritugo K A，Oh Y H，et al. High-level conversion of L-lysine into cadaverine by *Escherichia coli* whole cell biocatalyst expressing *Hafnia alvei* L-lysine decarboxylase. Polymers，2019，1（7）：1184.

[28] Ma W，Cao W，Zhang H，et al. Enhanced cadaverine production from L-lysine using recombinant *Escherichia coli* co-overexpressing CadA and CadB. Biotechnol Lett，2015，37（4）：799-806.

[29] 陈可泉，王璟，许晟，等. 一种赖氨酸脱羧酶突变体，其编码基因及其表达和应用：CN10108795916A. 2018-07-16.

[30] Kim J H，Kim H J，Kim Y II，et al. Functional study of lysine decarboxylases from *Klebsiella pneumoniae* in *Escherichia coli* and application of whole cell bioconversion for cadaverine production. J Microbiol Biotechn，2016，26（9）：1586-1592.

[31] Li N，Chou H，Yu L，et al. Cadaverine production by heterologous expression of *Klebsiella oxytoca* lysine decarboxylase. Biotechnol Bioproc E，2014，19：965-972.

[32] Sabo D L，Fischer E H. Chemical properties of *Escherichia coli* lysine decarboxylase including a segment of its pyridoxal 5′-phosphate binding site. Biochemistry，1974，13（4）：670-676.

[33] Ma W，Cao W，Zhang B，et al. Engineering a pyridoxal 5′-phosphate supply for cadaverine production by using *Escherichia coli* whole-cell biocatalysis. Sci Rep-UK，2015，5：15630.

[34] Kim J H，Kim J，Kim H J，et al. Biotransformation of pyridoxal 5′-phosphate from pyridoxal by pyridoxal kinase （pdxY）to support cadaverine production in *Escherichia coli*. Enzyme Microb Tech，2017，104：9-15.

[35] Moon Y M，Yang S Y，Choi T R，et al. Enhanced production of cadaverine by the addition of hexadecyltrimethylam-monium bromide to whole cell system with regeneration of pyridoxal-5′-phosphate and ATP. Enzyme Microb Tech，2019，127：58-64.

[36] 李乃强，于丽珺，徐岩. 产酸克雷伯氏菌赖氨酸脱羧酶的异源表达及粗酶性质. 生物工程学报，2016，32（4）：527-531.

[37] Bhatia S K，Kim Y H，Kim H J，et al. Biotransformation of lysine into cadaverine using barium alginate-immobilized *Escherichia coli* overexpressing CadA. Bioproc Biosyst Eng，2015，38（12）：2315-2322.

[38] Kim J H，Seo H M，Sathiyanarayanan G，et al. Development of a continuous L-lysine bioconversion system for cadaverine production. J Ind Eng Chem，2017，46：44-48.

[39] Wei G G，Ma W C，Zhang A L，et al. Enhancing catalytic stability and cadaverine tolerance by whole-cell immobilization and the addition of cell protectant during cadaverine production. Appl Microbiol Biot，2018，102（18）：7837-7847.

[40] 李乃强. 赖氨酸脱羧酶高效表达、分子定向进化及其催化合成戊二胺的反应过程特性. 无锡：江南大学，2016.

[41]　Seo H M, Kim J H, Jeon J M, et al. *In situ* immobilization of lysine decarboxylase on a biopolymer by fusion with phasin immobilization of CadA on intracellular PHA. Process Biochem, 2016, 51（10）: 1413-1419.

[42]　Wei G, Zhang A, Lu X, et al. An environmentally friendly strategy for cadaverine bio-production: *In situ* utilization of CO₂ self-released from L-lysine decarboxylation for pH control. J CO₂ Util, 2020, 37: 278-284.

[43]　Kind S, Wittmann C. Bio-based production of the platform chemical 1, 5-diaminopentane. Appl Microbiol Biot, 2011, 91: 1287-1296.

[44]　Park J H, Lee S Y. Metabolic pathways and fermentative production of L-aspartate family amino acids. Biotechnol J, 2010, 5（6）: 560-577.

[45]　Becker J, Zelder O, Hafner S, et al. From zero to hero-design-based systems metabolic engineering of *Corynebacterium glutamicum* for L-lysine production. Metab Eng, 2011, 13（2）: 159-168.

[46]　Na D, Yoo S M, Chung H, et al. Metabolic engineering of *Escherichia coli* using synthetic small regulatory RNAs. Nat Biotechnol, 2013, 31: 170-174.

[47]　Kwak D H, Lim H G, Yang J, et al. Synthetic redesign of *Escherichia coli* for cadaverine production from galactose. Biotechnol Biofuels, 2017, 10: 20.

[48]　Wang J, Lu X L, Ying H X, et al. A novel process for cadaverine bio-production using a consortium of two engineered *Escherichia coli*. Front Microbiol, 2018, 9: 1312.

[49]　Mimitsuka T, Sawai H, Hatsu M, et al. Metabolic engineering of *Corynebacterium glutamicum* for cadaverine fermentation. Biosci Biotech Bioch, 2007, 71（9）: 2130-2135.

[50]　Kind S, Jeong W K, Schroder H, et al. Systems-wide metabolic pathway engineering in *Corynebacterium glutamicum* for bio-based production of diaminopentane. Metab Eng, 2010, 12（4）: 341-351.

[51]　Kind S, Kreye S, Wittmann C. Metabolic engineering of cellular transport for overproduction of the platform chemical 1, 5-diaminopentane in *Corynebacterium glutamicum*. Metab Eng, 2011, 13（5）: 617-627.

[52]　Li M, Li D X, Huang YY, et al. Improving the secretion of cadaverine in *Corynebacterium glutamicum* by cadaverine-lysine antiporter. J Ind Microbiol Biot, 2014, 41（4）: 701-709.

[53]　Oh Y H, Choi J W, Kim E Y, et al. Construction of synthetic promoter-based expression cassettes for the production of cadaverine in recombinant *Corynebacterium glutamicum*. Appl Biochem Biotech, 2015, 176（7）: 2065-2075.

[54]　Kim H T, Baritugo K A, Oh Y H, et al. Metabolic engineering of *Corynebacterium glutamicum* for the high-level production of cadaverine that can be used for the synthesis of biopolyamide 510. ACS Sustain Chem Eng, 2018, 6（4）: 5296-5305.

[55]　Buschke N, Schroder H, Wittmann C. Metabolic engineering of *Corynebacterium glutamicum* for production of 1, 5-diaminopentane from hemicellulose. Biotechnol J, 2011, 6（3）: 306-317.

[56]　Buschke N, Becker J, Schäfer R, et al. Systems metabolic engineering of xylose-utilizing *Corynebacterium glutamicum* for production of 1, 5-diaminopentane. Biotechnol J, 2013, 8（5）: 557-570.

[57]　Naerdal I, Pfeifenschneider J, Brautaset T, et al. Methanol-based cadaverine production by genetically engineered *Bacillus methanolicus* strains. Microb Biotechnol, 2015, 8（2）: 342-350.

[58]　Delavega A L, Delcour A H. Cadaverine induces closing of *E. coli* porins. EMBO J, 1995, 14（23）: 6058-6065.

[59]　Iyer R, Delcour A H. Complex inhibition of OmpF and OmpC bacterial porins by polyamines. J Biol Chem, 1997, 272（30）: 18595-18601.

[60]　Wang J, Mao J W, Tian W L, et al. Coproduction of succinic acid and cadaverine using lysine as neutralizer and CO₂ donor with L-lysine decarboxylase overexpressed *E. coli* AFP111. Green Chem, 2018, 20（12）: 2880-2887.

[61]　Kind S，Jeong W K，Schroder H，et al. Identification and elimination of the competing *N*-acetyldiaminopentane pathway for improved production of diaminopentane by *Corynebacterium glutamicum*. Appl Environ Microb，2010，76（15）：5175-5180.

[62]　Kind S，Neubauer S，Becker J，et al. From zero to hero-production of bio-based nylon from renewable resources using engineered *Corynebacterium glutamicum*. Metab Eng，2014，25：113-123.

[63]　Krzyzaniak A，Schuur B，de Haan A B. Extractive recovery of aqueous diamines for bio-based plastics production. J Chem Technol Biot，2013，88（10）：1937-1945.

[64]　巴斯夫欧洲公司. 发酵生产1,5-二氨基戊烷烃的方法：CN101981202B. 2013-09-11.

[65]　蒋丽丽，刘均忠，沈俞，等. 用固定化 L-赖氨酸脱羧酶细胞制备 1,5-戊二胺. 精细化工，2007，24（1）：1080-1084.

[66]　Botes A L，Conradie A V E. Methods of producing 6-carbon chemicals via CoA-dependent carbon chain elongation associated with carbon storage：US14/666085. 2015-03-23.

[67]　Burk M J，Burgard A P，Osterhout E R，et al. Microorganisms and methods for the biosynthesis of adipate，hexamethylenediamine and 6-aminocaproi acid：US15/263149. 2012-07-13.

[68]　钱伯章. Rennovia 生产100%生物基尼龙6,6聚合物. 合成纤维工业，2013，36（6）：62.

[69]　McKeen L W. Polyamides（nylons）//Film Properties of Plastics and Elastomers. Boston：William Andrew Publishing，2012：157-188.

[70]　Klatte S，Wendisch V F. Redox self-sufficient whole cell biotransformation for amination of alcohols. Bioorgan Med Chem，2014，22（20）：5578-5585.

[71]　Sung S，Jeon H，Sarak S，et al. Parallel anti-sense two-step cascade for alcohol amination leading to amino fatty acids and diamines. Green Chem，2018，20（20）：4591-4595.

[72]　Nieschlag H J，Rothfus J A，Sohns V E，et al. Nylon-1313 from brassylic acid. Ind Eng Chem Prod Res Dev，1977，16（1）：101-107.

[73]　Samanta S，He J，Selvakumar S，et al. Polyamides based on the renewable monomer，1, 13-tridecane diamine Ⅱ：synthesis and characterization of nylon 13, 6. Polymer，2013，54（3）：1141-1149.

第 4 章 油脂类原料制备生物基聚酰胺材料

4.1 油脂基聚酰胺材料概述

油脂是油和脂肪的总称，是一类可再生、来源广、种类多、市场需求量巨大的生物基原料。常见的油脂包括棕榈酸酯、橄榄油、大豆油、蓖麻油、葵花油等。目前，部分油脂已可用于合成聚酯，但以油脂为原料合成聚酰胺的报道还较少[1-4]。

富含 10-十一碳烯酸、油酸、芥子酸等脂肪酸组分的植物来源油脂可以通过"原料—提取/热解获得脂肪酸—聚酰胺单体合成—聚合"途径获得目标聚酰胺产品[5-7]。基于这些脂肪酸合成的聚酰胺具有热稳定性好、生产成本低、产品种类多、用途广泛等优点，其性能可以媲美同类型的化学石油来源聚酰胺产品。例如，以 10-十一碳烯酸为原料合成的 PA11（弹性模量约为 900 MPa，T_m 约为 189℃）与化学石油原料合成的 PA12（弹性模量约为 1000 MPa，T_m 约为 178℃）相比，PA11 具有较高的耐化学腐蚀性、低吸水性等突出的材料特性，可以被应用于运动设施、汽车配件和管道制造等领域[7, 8]。本章将着重介绍油脂类生物基聚酰胺材料 PA11、PA1010、PA10T、PA610 及 PA1012 的合成工艺、性能与应用。

4.2 聚酰胺 PA11

4.2.1 聚酰胺 PA11 结构与性质

聚酰胺 PA11，俗称尼龙 11，化学名称为聚 ω-氨基十一酰胺，是目前国际公认的完全生物基来源的聚酰胺，也是完全绿色可再生的聚酰胺产品之一。

PA11 为乳白色半透明固体，密度为 1.04 g/cm³。PA11 的化学结构如图 4.1 所示，分子结构中包含亚甲基的柔性链较长，酰胺基密度小，且酰胺基能形成分子间氢键，兼有尼龙 66、尼龙 6 和聚烯烃

$$\left[\begin{matrix} H \\ N \end{matrix} + CH_2 \right]_{10} \begin{matrix} C \\ \| \\ O \end{matrix} \right]_n$$

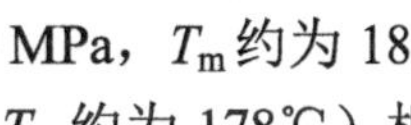

图 4.1　聚酰胺 PA11 的化学结构

（PE、PP）的性质。PA11 具有优良的物理机械性能、优异的尺寸稳定性、良好的非导电性、较强的可塑性、较高的抗介质腐蚀、耐油、耐化学药品和抗生物污染的性能[9-12]。同时，PA11 的熔点为 186～190℃，玻璃化转变温度为 43℃，脆化温

度为–70℃，在–40℃时仍能保持良好的性能，因此 PA11 在低温环境中的抗冲击性能十分优异。

　　除此之外，与其他种类的聚酰胺产品不同，PA11 的奇数碳原子能使酰胺基团位于同侧，使得 PA11 分子的排列形式无论是平行或反向，都能形成分子间氢键（图 4.2）。PA11 的这一独特性质，使其形成与其他聚酰胺产品不同的晶体结构，即表面具有较强极性，且分子间能形成大量氢键的半结晶聚合物[13]。

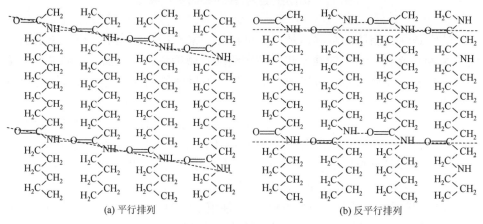

(a) 平行排列　　　　　　　　　　　　　　(b) 反平行排列

图 4.2　聚酰胺 PA11 的分子排列形式

　　PA11 晶体形成过程中，结晶速率变化会带来分子链构象和链堆砌方式的改变，由此可以生成几种不同的晶型，如 α 晶型、β 晶型、γ 晶型、δ 晶型等。其中，α 晶型是 PA11 的一种较为稳定的晶型，属于三斜晶系，在 α 晶胞的四条棱（c 轴方向）上各排布一条共用的分子链，即每个单胞中都包含一个分子链，分子链的结构类似平面锯齿状；α 晶型可以通过熔体拉伸、熔体等温结晶、在苯酚或甲酸溶液中结晶得到。β 晶型为单斜晶系，其晶胞参数 a 为 0.975 nm，b 为 1.50 nm（纤维轴），c 为 0.802 nm，β 为 65°；在 160℃条件下，利用溶剂诱导结晶方式，可以在含 5%甲酸的 PA11 水溶液中得到 β 晶型。γ 晶型属于准六方晶系，其晶胞参数 a 为 0.948 nm，b 为 2.94 nm，c 为 0.451 nm，β 为 118°；γ 晶型可以在三乙二醇水溶液和三氟乙酸溶液中结晶得到。尽管如此，PA11 的晶型可以在一定条件下相互转变，例如，将 α 晶型升温至 95℃以上时，可以转变为 γ 晶型和 δ 晶型；其中，δ 晶型的链间距大于 α 晶型，且保持了层状的氢键结构，导致 δ 晶型的形态不稳定，当温度降低时会重新变为 α 晶型[14]。

4.2.2　聚酰胺 PA11 合成工艺

　　由油脂原料合成 PA11 的反应步骤包括酯化、裂解、皂化、溴化、氨解和连续聚合等。首先，蓖麻油与甲醇反应生成蓖麻油甲酯，再经裂解、减压分馏得 10-十一碳烯酸和庚醛。10-十一碳烯酸在过氧化氢存在下加入氢溴酸生成 11-溴化十一酸，然后氨解转化为 ω-氨基十一酸，最后经缩聚生成 PA11[15]。

1. 酯化反应[16]

蓖麻油酸甘油酯在一定反应条件下能够和甲醇（CH_3OH）发生酯化反应，得到蓖麻油酸甲酯和甘油。该反应以氢氧化钠为催化剂，反应温度为 30℃，转化率约为 95%，反应式如图 4.3 所示。

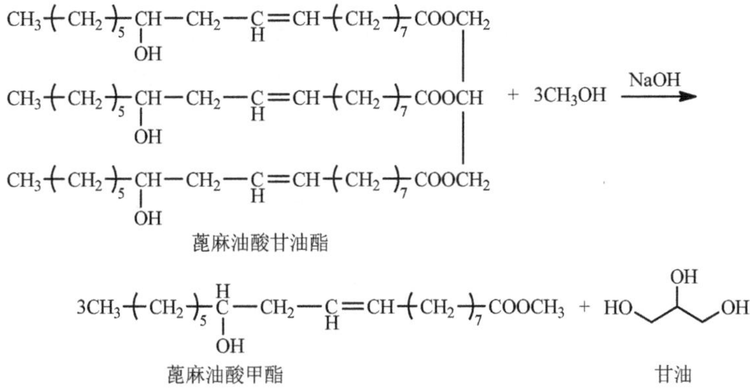

图 4.3　酯化反应

2. 气相裂解反应[15]

蓖麻油酸甲酯在 450～500℃下发生气相裂解反应，得到产物 10-十一烯酸甲酯和庚醛。催化裂解时通过热水蒸气能明显提高产物收率，10-十一烯酸甲酯和庚醛通过减压蒸馏的方式分离。气相裂解反应式如图 4.4 所示。

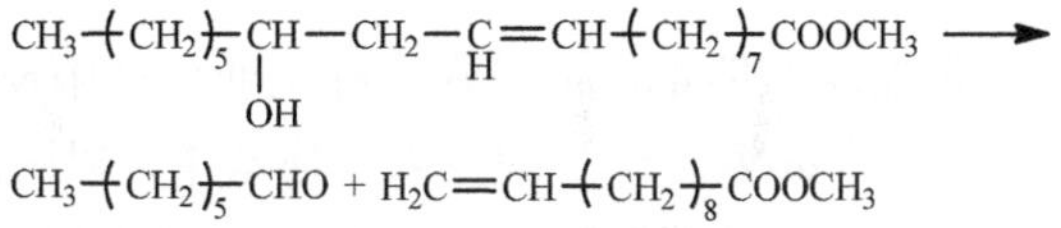

图 4.4　气相裂解反应

3. 皂化反应[17]

10-十一烯酸甲酯和氢氧化钠通过皂化反应生成 10-十一烯酸钠和甲醇。用硫酸中和皂化产物，生成 10-十一烯酸和硫酸钠。通过减压蒸馏的方式，可以将产物

10-十一烯酸（熔点 21℃）进行提纯。皂化反应式如图 4.5 所示。

$$H_2C\!=\!CH\!-\!\!\left(CH_2\right)_{\!8}\!-\!COOCH_3 + NaOH \longrightarrow H_2C\!=\!CH\!-\!\!\left(CH_2\right)_{\!8}\!-\!COONa + CH_3OH$$

$$H_2C\!=\!CH\!-\!\!\left(CH_2\right)_{\!8}\!-\!COONa + H_2SO_4 \longrightarrow H_2C\!=\!CH\!-\!\!\left(CH_2\right)_{\!8}\!-\!COOH + Na_2SO_4$$

图 4.5　皂化反应

4. 溴化反应[18]

10-十一烯酸与 HBr 在过氧化物的存在下进行反马氏加成反应，得到溴代化合物，即 ω-溴代十一酸。以甲苯作溶剂，10-十一烯酸与甲苯的体积比为 1∶3，反应温度为 30℃，可以得到产率高于 90%的 ω-溴代十一酸（熔点 47℃），反应式如图 4.6 所示。

$$H_2C\!=\!CH\!-\!\!\left(CH_2\right)_{\!8}\!-\!COOH + HBr \longrightarrow Br\!-\!\!\left(CH_2\right)_{\!10}\!-\!COOH$$

图 4.6　溴化反应

5. 氨解反应[19]

ω-溴代十一酸与浓氨水在室温下进行亲核取代的氨解反应，得到 ω-氨基十一酸（即 PA11 的单体）和溴化铵，反应式如图 4.7 所示。

$$Br\!-\!\!\left(CH_2\right)_{\!10}\!-\!COOH \xrightarrow{\text{浓氨水}} H_2N\!-\!\!\left(CH_2\right)_{\!10}\!-\!COOH + NH_4Br$$

图 4.7　氨解反应

6. 缩聚反应[16]

PA11 的聚合机理虽然相对简单，但是在实际工业生产中反应过程较难控制。通常反应过程是将粉末状的 ω-氨基十一酸投入反应釜中，以磷酸为催化剂，将温度加热至 220～270℃，通过熔融缩聚制备得到 PA11。然后将 PA11 产品切粒、干燥和分装。化学反应式如图 4.8 所示。

$$n\,H_2N\!-\!\!\left(CH_2\right)_{\!10}\!-\!COOH \longrightarrow H\!-\!\!\left[NH\!-\!\!\left(CH_2\right)_{\!10}\!-\!CO\right]_{\!n}\!-\!OH + (n\!-\!1)\,H_2O$$

图 4.8　熔融缩聚

在实际生产中，PA11 生产可以分为间断法和连续性法两种生产模式。这两种生产模式的区别是：间断法生产是将单体 ω-氨基十一酸分批加入高压聚合反应釜；而连续性法生产则是将单体 ω-氨基十一酸连续地添加到常压管式缩聚反应釜。目前，加料的方式既可以加入粉末状的 ω-氨基十一酸，也可以加入 ω-氨基十一酸的水悬浮液。应用较为广泛的制备工艺是连续性法生产，即将 ω-氨基十一酸的水悬浮液投入到常压管式缩聚反应釜中进行不间断生产。

4.2.3　聚酰胺 PA11 性能、应用及改性

1. 性能[20]

1）低吸水性

聚酰胺中酰胺基团的存在，使得由此制备的材料具有一定的吸水性。但是，PA11 中相邻酰胺基团之间的亚基数目较多，与 PA6 相比，酰胺基团密度较小，因此其吸水率低，不足 2%，而 PA6 的吸水率则达到 9%。另外，吸水率大小和空气中的相对湿度大小相关，相对湿度大则吸水率较高。

2）尺寸稳定性

在很多精密仪器的设计中，对尺度精度要求非常高。聚酰胺材料的吸水性往往导致仪器尺寸稳定性、力学及电学性能变差。PA11 吸水率较低，将其作为制作材料时，可以提高仪器的尺寸稳定性。PA11 在 50% 的相对湿度下，尺寸变形率仅为 0.12%。

3）良好的低温性

PA11 在很低的温度下可以保持柔韧，它的脆化温度是 –70℃。在汽车空气制动管、飞机控制电缆外层包皮等产品中应用广泛。

4）耐化学腐蚀性

PA11 对碱、盐溶液、海水、油、石油等有很好的耐腐蚀性，而对酸的耐腐蚀性会根据酸的种类、浓度和环境温度而定。酚类、甲酸是 PA11 的强溶剂，应用时应加以避免。

2. 应用

PA11 优良的使用性能和相对较长的使用寿命，使其得到了广泛的应用[21, 22]。

1）在汽车行业中的应用

汽车行业是目前 PA11 最大的应用领域，年消耗量约占 PA11 总产量的 1/2。PA11 具有较好的耐热性，可以经受汽车发动机运转等产生的高温和环境的高低温

变化；PA11 具有优良的耐油性，可以经受汽车上使用的汽油、机油、齿轮油、制动油和润滑油；耐化学药品，不受汽车冷却液、蓄电池电解液等的腐蚀；同时具有高机械强度，是汽车发动机、传动部件及受力结构部件的理想材料。欧美国家广泛使用 PA11 作为汽车的制动管和输油管，例如，法国阿科玛公司推出 Rilsan@ PA11 产品，广泛作为汽车零件加工原料，生产的产品有燃油管道、流体传输线路、快速连接器、配件、紧固件和夹子、卡车空气制动管、液压软管等。随着汽车工业的发展，特别是对于轻量化的要求，我国对 PA11 材料的需求越来越大，预计每年仅汽车管道的 PA11 使用量达 2000～3000 t。

2）在管道行业中的应用

PA11 管道的冲击性能高、耐化学腐蚀性好，保证了使用的长久性，被广泛地应用在煤气输配系统，将最终取代钢管和聚乙烯管。同时，PA11 管道具有耐磨、耐恶劣气候、抗白蚁侵蚀等特点，且埋设时因材质轻不需起吊装置。接头用黏合剂黏接，操作方便，埋入地下后，耐潮湿、耐化学药品、无虫蛀，使用寿命长。

此外，管道材料的防腐性能研究是我国材料技术领域的短板。PA11 因其具有良好的防腐性能，在管道防腐方面得到较好的应用，如将尼龙粉末涂料涂在石油化工管道、水管管道上。

3）在军工产品中的应用

经 PA11 制得的产品还具有能经受潮湿、干旱、严寒、酷暑、尘土、海水或含盐分的空气及碰撞等特性，是军事装备的理想材料。例如，法国 Famas 5.56 口径狙击步枪的枪托、握把等 30 多个部件均使用 PA11 制造；"幻影"战斗机的减速伞盖和弹射器的弹射装置也是用 PA11 制造；聚酰胺 PA11 已经通过美国军用"MIL"标准中的"氢弹实验"考核。此外，训练弹、军用油壶、飞机油箱、钢盔内衬，以及部分导弹、炮弹发射装置的零部件等也可采用 PA11 制备。

4）在电子电器行业中的应用

电子、电器和通信设备的小型化、轻量化对塑料的需求越来越大，因此 PA11 在电子电器行业中的应用也占据了很大的市场。由于 PA11 的热性能良好，能够承受突发性的局部瞬间高温，且 PA11 的平均线膨胀系数与轻合金极为相近，因此带有金属嵌件的尼龙制品可以在高温下使用，且不易开裂，在接插件、接线柱、电器电源装置和继电器外壳等方面应用广泛；无增强剂及添加剂的 PA11 具有自熄性能，故适于制作接线盒；PA11 极易注塑成薄片用于开关盒，由于这种尼龙薄片的交替弯曲性能和柔软性都非常高，所以通过薄片的上下活动就可以操纵开关机械，在 0～80℃ 的环境温度下，这种薄片可以使用数百万次。

5）在船体防护中的应用

PA11 树脂具有优异的耐磨性、耐海水腐蚀以及能降低噪声的优点，开发以 PA11 为基本原料的船体防腐涂料具有可观的经济效益和社会效益。

6）其他行业中的应用

PA11 具有优异的耐磨损性和耐油性，在有灰尘、沙土和锉屑的地方，PA11 制品可以照样使用，发挥其正常的功能。用 PA11 制造自行车的变速轴轮，在与机油接触时仍能保持良好的力学性能。聚酰胺的低温冲击性能良好，如用 PA11 模塑制造的滑雪板制动装置，不仅在−40℃的气温下可以保证具有良好的冲击性能，而且还有极高的弹性模量。

聚酰胺与金属铸件或其他机件的光滑表面之间的摩擦系数极小，而且与钢材或其他抛光金属发生摩擦时也不会产生严重的磨损现象，所以聚酰胺特别适合制造轴承、轴瓦、支架、垫板、齿轮装置及其他易磨损的机械零件。

3. 改性[23]

PA11 在性能上具有无可比拟的优点，但是由于其成本较高，加工难度大，也极大地限制了应用范围。对 PA11 进行改性，在大幅度降低成本，提高加工性能的同时还保留了其特有的性能。

1）增塑改性

用 N, N-二甲基对甲苯磺酰胺增塑 PA11，对增塑后 PA11 的力学性能进行研究。结果表明，由于 N, N-二甲基对甲苯磺酰胺与 PA11 均含有—NH_2，两者相容性好，少量的增塑剂就可大幅度提高 PA11 的冲击强度，而拉伸强度不至于受到很大的损失，有效地提高了 PA11 的综合性能。

2）共混改性

在不同的质量配比下制备 PA11 与 PA1010 的共混物时发现[24]，当 PA11 与 PA1010 的质量比为 70：30 时，共混物的黏度约为纯 PA11 的 20%，且共混物的流变性能稳定，力学性能优于纯 PA11，成本明显低于纯 PA11。通过 PA11 与 PA6 的共混，发现共混物的断裂伸长率、常温冲击强度和低温冲击强度都有明显提高，且能显著降低 PA11 的价格。

将 PE 与 PA11 进行共混，不仅可降低 PA11 的吸水率，还可提高 PA11 的冲击强度、拉伸强度等性能，成本也可降低 20%以上，此共混物是一种应用前景十分广阔的超韧 PA11 材料。

乙烯/乙烯醇共聚物（E/VAL）是一种链式分子结构的结晶聚合物，具有良好的阻隔性。将 E/VAL 与 PA11 共混，可在保持 PA11 良好性能的基础上提高其阻隔性能。

4.2.4　聚酰胺 PA11 国内外研究进展

PA11 是由法国埃尔夫阿托（Elf Atochem）化学公司研发，并于 1955 年商业化生产，产品名称为 Rilsan，是迄今市面上最完善、最环保的高性能生物基聚酰胺产品系列之一，中文名为"丽绚"。初始这种产品主要用于纤维的生产，现在 Rilsan 产品已成为高性能及高耐久性材料的代名词。

20 世纪 60 年代，我国相关科研单位就开始了 PA11 的研究工作。20 世纪 70 年代，PA11 被开发应用于汽车领域。目前，国内已经引进或建设了数十条 PA11 管材生产线，河北涿州凌云工业集团有限公司引进的 1000 t/a PA11 管材生产线，原料主要从法国埃尔夫阿托化学公司进口。另外，重庆恒强塑胶制品有限公司、浙江临海小溪刹车管厂、河北亚大塑料制品公司等也相继引进或建设了 PA11 管材生产线，2017 年统计的总生产能力达 3000 t/a。

在技术研发方面，许多科研工作者尝试利用蓖麻油以外的绿色材料，进行生物基 PA11 的合成研究。Ayorinde 等[25]将斑鸠菊油经过皂化和重结晶两步化学反应得到斑鸠菊酸，以斑鸠菊酸为原料，经过氢化、氧化、肟化三步反应得到中间产物十二烷酸肟。十二烷酸肟可经过氢化反应得到 ω-氨基十二碳酸，也可以通过贝克曼重排、霍夫曼降解、水解反应得到 ω-氨基十一碳酸。ω-氨基十一碳酸和 ω-氨基十二碳酸可以分别作为 PA11 和 PA12 的原料。此法与制备蓖麻油基 PA11 相比，不需要高温降解操作步骤，降低了合成的难度，更加符合绿色化学的需求。

C. Jean-luc 和 D. Jean-luc[26]利用不饱和脂肪酸，经过裂解、腈化、丙烯酸酯酯交换、加氢等过程，制得 ω-氨基十一碳酸、ω-氨基十二碳酸和 ω-氨基十一碳酸酯、ω-氨基十二碳酸酯。虽然斑鸠菊酸、油酸及其他的不饱和脂肪酸都可以用来制备 PA11，但工业化生产中仍然以蓖麻油为原料制备 PA11 为主。

Mudiyanselage 等[27]利用油酸为原料，采用三步法制备得到十一内酰胺，可作为合成 PA11 的单体。首先将油酸转变为烯基酰胺，烯基酰胺经过闭环酯交换反应生成不饱和内酰胺，再经过催化加氢制备饱和的内酰胺。相对于其他合成单体的方法需要 4~6 步，该方法缩短了聚酰胺单体的合成步骤，提高了效率并节约了能源。文中未对内酰胺制备聚酰胺的工艺条件进行论述，一般情况下，内酰胺的开环聚合需要在水中，并加入酸作为催化剂，加热至 250~300℃进行。

PA11 的改性研究也被许多研究者关注。张庆新和莫志深[20]对 PA11 的物理化学性能、晶型转变和压电性能的研究进展进行了总结，提出 PA11 的压电性能与凝聚态结构的关系存在不同的观点，有待进一步研究。郭云霞等[28]论述了用聚烯烃、橡胶、液晶高分子、树形大分子及无机刚性粒子等对 PA11 进行增韧增强改性的研究发展。胡国胜和李迎春[29]利用 PA1010、PA6、PE、EVA 对 PA11 进行了增韧改性，降低了 PA11 产品的价格，同时综合性能得到了提高。卞军等[30]将热膨胀纳米石墨与 PA11 熔融共混，结果表明，石墨片层以 20 nm 的厚度均匀分散于 PA11 中，有效地提高了 PA11 的耐热性和力学性能。Martino 等[12]利用 ω-氨基十一碳酸、双（六亚甲基）三胺和 2,2,6,6-四羧乙基环己酮，采用一锅煮法制备出星型 PA11,结果表明聚合物的流变性能受支链的影响较大,可以通过自组装调节,兼顾物理性能和加工性能。星型聚合物的晶型转变与线形 PA11 一致。

4.3　聚酰胺 PA1010

PA1010 是我国最早进行工业化生产的聚酰胺产品。1958 年上海赛璐珞厂以蓖麻油为原料合成出我国唯一独创的尼龙品种 PA1010,并在 1961 年实现工业化生产。到 20 世纪 70 年代,我国已经建立了 40 多家 PA1010 生产厂家,总生产能力达 6000~7000 t/a。初期,聚酰胺 PA1010 产品用作生产工业丝和民用丝,60 年代逐步开始用于工程塑料应用。迄今为止一直由中国独家生产,主要生产企业为苏州翰普高分子材料有限公司、河北衡水京华化工有限公司。

4.3.1　聚酰胺 PA1010 结构与性质

聚酰胺 PA1010,俗称尼龙 1010,化学名称为聚癸二酰癸二胺,化学结构式如图 4.9 所示。PA1010 作为工程塑料的一种,密度为 1.03~1.05 g/cm³,比 PA6、PA66 的吸水率低,尺寸稳定性佳,脆化温度为-60℃,可在-10~100℃下长期使用,热分解温度高于 350℃,具有优良的强度和韧性,以及良好的耐油性、耐磨、耐蚀性、机械性、消音性、电绝缘性能等。PA1010 成本低,生产及操作过程安全,因具有较高的延伸性、润滑性和耐磨性,被广泛应用于机械、电气仪表和汽车等行业替代金属制作各种零部件。

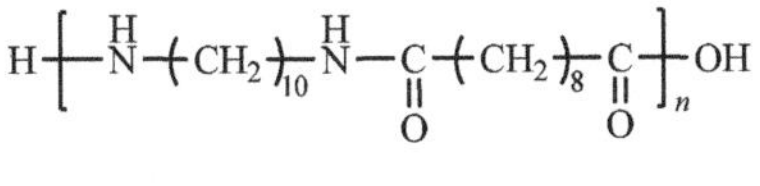

$$H \left[\begin{array}{c} H \\ N \end{array} -(CH_2)_{10} - \begin{array}{c} H \\ N \end{array} - \begin{array}{c} C \\ \| \\ O \end{array} -(CH_2)_8 - \begin{array}{c} C \\ \| \\ O \end{array} \right]_n OH$$

图 4.9　聚酰胺 PA1010 化学结构式

4.3.2　聚酰胺 PA1010 合成工艺

PA1010 是由癸二酸和癸二胺两种单体原料(这两种单体原料均由蓖麻油制得)在等摩尔比下缩聚而成,整个反应过程包括成盐反应和脱水缩聚反应。

1. 成盐反应

将两种单体原料分别溶于乙醇中,继而在混溶状态下进行中和反应,生成盐类,然后加热加压脱乙醇,得到产品,化学反应式如图 4.10 所示。

$$H_2N\{CH_2\}_{10}NH_2 + HOOC\{CH_2\}_8COOH \xrightarrow{60℃}$$

$$^+H_3N\{CH_2\}_{10}NH_3^+ \cdot {^-}OOC\{CH_2\}_8COO^-$$

图 4.10　成盐反应

2. 脱水缩聚反应[31]

生成的 PA1010 盐，在添加过量的癸二酸的保护下，施以高温高压，经脱水、缩聚反应便产出 PA1010 聚合体（图 4.11）。接着用正压氮气把 PA1010 聚合体压出缩聚釜，过出料孔，成条状，进行切粒，经水冷却，再干燥，再冷却，最后进行成品包装。

$$n\left[{^+H_3N}\{CH_2\}_{10}NH_3^+ \cdot {^-}OOC\{CH_2\}_8COO^-\right] \xrightarrow{缩聚}$$

$$\{NH\{CH_2\}_{10}NHCO\{CH_2\}_8CO\}_n + (2n-1)H_2O$$

图 4.11　脱水缩聚反应

聚合过程中，适量加入亚磷酸类稳定剂，癸二酸当作分子量调节剂。间歇缩聚工艺条件为：反应初期温度为 220℃，压力为 1.2 MPa，反应温度最高控制在 240～250℃。

4.3.3　聚酰胺 PA1010 性能及应用

1. 性能

1）物理性能

PA1010 的最大吸水率为 1%～2%，低于 PA6 和 PA66。当其轻度含水时，韧性增强，在完全干燥情况下 PA1010 容易变脆。

2）机械性能

PA1010 具有表面硬度较大、延展性较高、不易断裂或弯曲等特点。在拉力作用下，牵伸长度可达原长的 3～4 倍。拉伸能引起分子定向排列，强度增大。它还有自身润滑性和耐磨性。例如，它的密度仅为铜的 1/7，而耐磨性却是铜的 8 倍。PA1010 具有吸音性能，用它制造的机具在运转过程中噪声小。PA1010 的制品，经过沸水蒸煮或放在 130℃ 油中处理 1～2 h，能提高尺寸的稳定性。

3）热学性能

PA1010 的熔融范围较窄，耐热、耐压性能较好，处于长期使用状态时，外界温度宜在 80℃以下；处于短期使用状态时，外界温度可达 120℃而不变性。若在高于 100℃环境中长期使用，且与氧接触的条件下，机械强度将会下降，颜色变为黄褐色。熔融状态下，与氧气接触很容易热氧化。PA1010 具有良好的耐寒性，在-60℃下仍能保持一定的机械强度。

4）电学性质

由于 PA1010 吸水性差，介电稳定性较好。

5）化学性能

PA1010 不溶于烃、低级醇、脂类等大多数非极性溶剂，能溶于苯酚、甲酚、甲酸、浓硫酸、水合三氯乙醛等极性溶剂。常温下，浓硫酸对 PA1010 起溶解作用；高温下，浓硫酸能把 PA1010 裂解，如用氧化性的浓酸，裂解作用更强。对于常用溶剂，PA1010 的性质是稳定的。

6）老化性能

PA1010 存在老化问题。未加抗老化剂的 PA1010，它的抗张强度、抗弯强度、断裂伸长率在使用几个月后都会出现明显下降，因此需要添加抗老化剂以改善其性能。

2. 应用

PA1010 具有工艺简单、对设备无特殊要求、技术容易掌握、产品质量稳定以及综合性能优良等特点，在我国发展迅速。PA1010 具有工程塑料聚酰胺的一般共性，对霉菌、害虫的作用非常稳定，对光作用很稳定，对有机试剂作用稳定。同时 PA1010 具有优越的延展性、优良的常温和低温抗冲击性能，以及很好的自润滑性、耐磨损性、耐油性等性能，脆性转化温度低（约为-60℃），机械强度较高，因此广泛用于机械零件和化工、电气零件。

1）在机械零件中的应用

PA1010 塑料制品可代替金属和有色金属制作各种机械零件、电动机零件等。可采用注塑、挤出吹塑和喷涂法加工成型制品。例如，注塑成型齿轮可作仪表、纺织、印刷等机械设备配件，还可作轴承滚珠支架、轴套、输油管及电缆护套和薄膜等，粉末用于金属表面防腐、耐磨涂层等。

2）在汽车行业中的应用

PA1010 树脂主要用作改性基材，用于汽车刹车管、输油管、波纹管、车用快速接头、车用 ABS 系统感应器外壳和空调用软管等管材的生产，也适用于电线、电缆、光缆、金属或绳索的表面涂覆。

3）在航空航天领域的应用

全球各大航空公司和飞机制造商都在寻找性能可靠、适应性强、易于制造、抗破坏力的复合材料。而高分子尼龙材料作为第一种应用于航空航天领域的热塑性材料，现已成为航空航天材料中不可缺少的组成部分。

聚合物尼龙具有较强的抗辐射能力，可用于飞机、卫星等特使材料的包覆材料，其优异的力学性能可制成飞机用耐热连接器、耐候性和抗蠕变的天线罩。

4）在工业生产中的应用

PA1010 除了以纯化合物应用外，还可以添加各种填料，如玻璃纤维、石墨、二硫化钼等，制成具有特殊性能的共混 PA1010。同时，PA1010 可以制成 PA1010 粉末供喷涂使用；也可作为诸多金属的良好替换品，如增强后可用作泵的叶轮、自动打字机的凸轮、各种高负荷的机械零件、工具把手、电器开关、设备建筑结构件、船舶的加油孔盖轴承、齿轮等。另外，PA1010 也广泛应用于造船、纺织、仪表、电器、医疗器械等领域。

4.3.4 聚酰胺 PA1010 国内外研究进展

PA1010 于 1964 年进入工程塑料领域以来，在我国聚酰胺塑料中一直占有主导地位[32, 33]。然而，当温度高于 100℃时，PA1010 与氧长时间接触，会导致其逐渐变黄，机械强度降低，特别是在熔融状态下极易热氧化降解。因此，众多研究人员致力于 PA1010 改性的研究，以提高 PA1010 的抗老化等特性。当前的改性方法主要包括纳米改性改变强度和韧性、合金共混增韧增强和阻燃等。

葛世荣等[34]对碳纤维填充 PA1010 复合材料的摩擦磨损性能进行了研究，结果表明，碳纤维能够显著提高 PA1010 的耐磨性，当碳纤维质量分数为 10%～20% 时，磨损率比纯 PA1010 降低 30%～60%，这是因为碳纤维起到了承载作用并具有较强的抗微切削和犁沟作用的能力。

王军祥等[35]还采用气相氧化法对碳纤维进行表面处理，以注塑成型法制备碳纤维增强 PA1010 复合材料。结果表明，经表面处理的碳纤维能显著提高尼龙复合材料的拉伸强度和摩擦学性能，在碳纤维含量为 20%时拉伸性能的提升达到最大值，其中摩擦系数比未处理碳纤维降低了 30%～50%，耐磨性提高了 2～3 倍。

王伟华和葛世荣[36]研究了氧化铜、铝粉填充 PA1010 复合材料的摩擦学性能。研究结果表明，填料的加入不同程度地改善了材料的摩擦学性能。铝粉的添加改变了摩擦副之间的载荷分布并优先承担了多数载荷，降低了复合材料的磨损。氧化铜有承载作用，且在摩擦过程中会在摩擦表面形成一层不连续的铜膜，保护了材料，降低了磨损。

王世博等[37]采用热挤压方法制备了含不同添加量的 ZnO 晶须 PA1010 复合材料，对复合材料的摩擦磨损性能进行了研究。研究发现，该复合材料的硬度和弹性模量随 ZnO 晶须含量的增加而增加，摩擦系数变化不大但摩擦磨损性能有显著提高，ZnO 晶须含量介于 3%～10%（质量分数）时填充效果最好。随 ZnO 晶须含量的增加，尼龙复合材料的主要磨损形式依次为黏着磨损、二体磨粒磨损和三体磨粒磨损。填充适量的 ZnO 晶须可以有效地减轻晶须 PA1010 的黏着磨损，提高耐磨性，但过量填充会导致颗粒脱落，形成三体磨粒磨损。

在葛世荣等对 PA1010 改性研究中，以纳米 SiO$_2$ 和纳米 TiO$_2$ 作为填料，同样可以提高 PA1010 的耐磨性，降低摩擦系数，其中纳米颗粒的最佳质量分数为 10%，并探究了这种复合材料和同 45#钢配副时的磨损特征[38]。

4.4　聚酰胺 PA10T

4.4.1　聚酰胺 PA10T 结构与性质

聚酰胺 PA10T，化学名称为聚对苯二甲酰癸二胺，俗称 PA10T，化学结构式如图 4.12 所示。

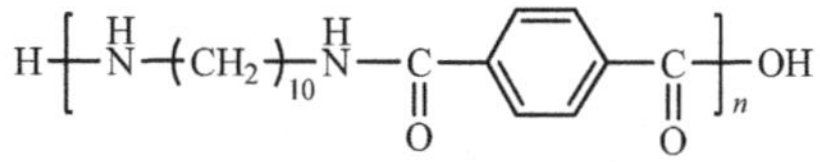

图 4.12　聚酰胺 PA10T 化学结构式

PA10T 是商品化高温尼龙材料中吸水率特别低的品种，与 PA610 吸水率接近，比 PA46、PA6、PA66、PA6T、PA9T 都低，只比 PA11 和 PA12 略高。由于 PA10T 的长碳链的脂肪结构使其结晶性较好，所以 PA10T 成型后在吸水、受热或潮湿等不利环境下，都能保持较好的力学性能和尺寸稳定性。PA10T 是均聚物，结晶度高，玻璃化转变温度高，在玻璃化转变温度以上时仍具有高物性保持率，因此 PA10T 能在高温时保持很高的力学强度和刚性。PA10T 的高熔点使其具有良好的耐回流焊性能，在 280℃高温下不起泡，非常适合于表面焊接工艺。同时，PA10T 耐汽车机油、燃料甲醇、有机溶剂、热水等，其中，耐汽车长效防冻液性能格外优异。

4.4.2　聚酰胺 PA10T 合成工艺

聚酰胺 PA10T 由癸二胺与对苯二甲酸经缩聚得到，反应过程主要分为三步。首先，制备 PA10T 盐；其次，将制备的 PA10T 盐进行悬浮聚合得到 PA10T 预聚物；最后，将预聚物进行固相聚合，得到 PA10T。反应流程如图 4.13 和图 4.14 所示。

1. 成盐反应

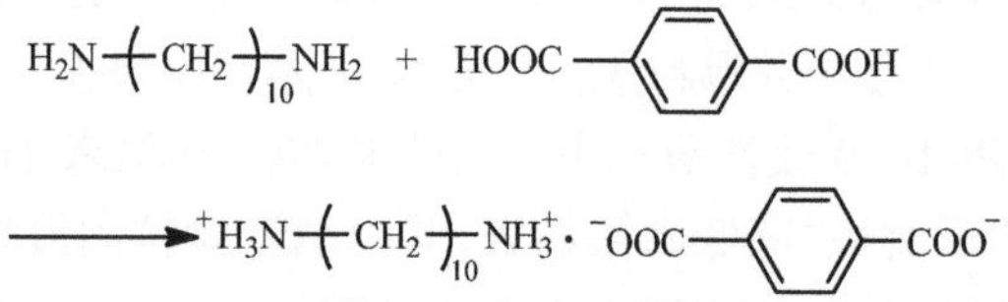

图 4.13　成盐反应

2. 预聚合及固相聚合反应

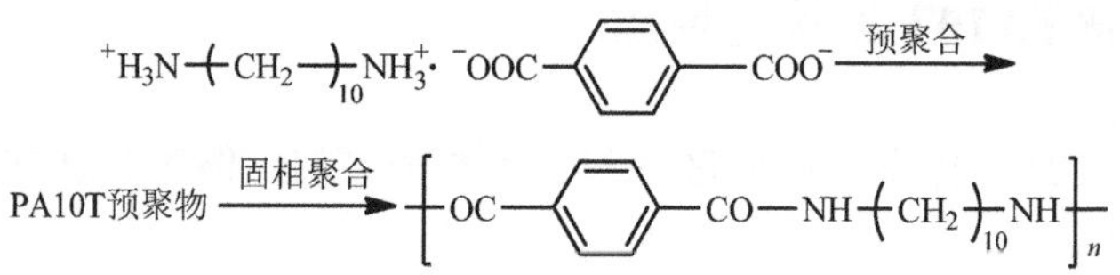

图 4.14　预聚合及固相聚合反应

制备聚酰胺时，先将癸二胺与对苯二甲酸在溶剂（水或乙醇）中成盐，然后分离、纯化、干燥。然而，芳香二酸和半芳香族尼龙盐在水或醇中的溶解度很小，纯化变得非常困难，故很难得到纯度高的半芳香族尼龙盐。通常采用 N, N-二甲基甲酰胺作为溶剂，其可以溶解对苯二甲酸和癸二胺，但不能溶解 PA10T 盐，使分离纯化变得容易。由此制备的 PA10T 盐纯度高，能准确控制二元羧酸与二元胺的摩尔比，避免了二元胺的流失。

4.4.3　聚酰胺 PA10T 性能及应用

1. 性能

PA10T 是我国开发的聚酰胺材料，属于半芳香族聚酰胺共聚物。PA10T 的耐热性、加工性、吸水性、化学性能等比较均衡，且吸水性特别低，其综合性能较优越，可以填补特种工程塑料和普通工程塑料应用领域之间的空白。

1）耐热性

PA10T 的熔点约为 310℃，玻璃化转变温度为 100～200℃。加入玻璃纤维后，PA10T 的热变形温度高于 290℃，耐焊接温度约为 270℃，具有较好的耐热性。

2）加工性

聚酰胺 PA10T 含有较长的碳链，因此熔点较低、尺寸稳定性好，具有优异的加工性能。PA10T 的一般力学性能与 PA66 相似。改性 PA10T 的性能更可与 PA46、PA9T 媲美。聚酰胺 PA10T 产品通常可通过注塑和挤出加工方式制成所需产品，用于汽车部件、齿轮、轴承等。

3）吸水性

PA10T 具有较长的碳链，酰胺基浓度低，吸水性较低（远低于 PA6、PA66、PA46）。

4）结晶性

PA10T 分子链中含有苯环和较长的柔性二胺链，使得聚合物分子具有一定的流动性。由于具有较高的结晶速率和结晶度，PA10T 更适合快速的薄膜加工成型。

5）化学性能

PA10T 结晶速率快、流动性好，拥有优异的抗蠕变性、力学强度、耐化学性、刚性、耐高温和耐疲劳性。

2. 应用

PA10T 以其优异的性能，被广泛应用于耐热和耐腐蚀较高的配件中，还可用于耐腐蚀、耐油、耐高温等场合，以及航空、航天、军工、化工等领域。

1）在汽车工业中的应用

PA10T 质量小、易加工、噪声低且可循环使用，非常适合应用于发动机、传动系统、空气系统等。同时 PA10T 因其耐高温、抗振动等特性，广泛应用于油过滤器外壳、传感器、连接器和开关等的制备中。

2）在电子电器工业中的应用

PA10T 具有较高的耐回流焊温度，可用于电路板承载材料、连接器、接插件、骨架等产品中。

4.4.4　聚酰胺 PA10T 国内外研究进展

PA10T 是具有代表性的耐高温的聚酰胺材料之一，综合性能优异，具有很强的市场竞争力。PA10T 中的单体癸二胺来自蓖麻油，约占聚合用单体的 50%，是一种 AABB 型聚合形式的生物基塑料。目前主要的生产商有金发科技股份有限公司（以下简称金发公司）、瑞士 EMS 公司和法国阿科玛公司。在 2009 年国际橡塑展上，金发公司推出了 PA10T 产品 Vicnyl，该产品具有优异的耐热性、超低吸水率、尺寸稳定性好、无铅焊接温度可达 280℃、优异的耐化学性和注塑性能。PA10T 产品的商业化填补了国内新型耐高温尼龙材料自主研发的空白，金发公司成为继上海杰事杰新材料（集团）股份有限公司之后，国内第二家拥有耐高温尼龙工业技术的企业。

2012 年，法国阿科玛公司收购了苏州翰普高分子材料有限公司和河北凯德生物材料有限公司。前者致力于利用生物来源的先进技术生产癸二胺和长链尼龙PA1010，而后者专门从事从蓖麻油提取癸二酸。阿科玛公司目前生产基于 PA10T/11 的尼龙产品，并尝试开发 PA10T 的高端应用，如用于骨缝合材料的 PA10T。阿科玛公司的一系列动作也显示了其在长碳链尼龙和 PA10T 领域扩展的意图。

此外，众多研究者还致力于 PA10T 的改性研究，以进一步提高其耐热性能、加工性能等特性[39, 40]。我国的中山大学曹明等[41]对 PA10T 的合成与共聚改性进行了系统的研究，结果显示，纯 PA10T 具有 319.1℃的高熔点，其优异的耐热性使PA10T 展现出了潜在的商业价值。易庆锋等[42]研究了不同螺杆组合及喂料方式对球形氧化铝在填充 PA10T 材料中分散性的影响，表明将氧化铝与 PA10T 预聚物粉预混后再加入螺杆有助于氧化铝的分散，而且氧化铝的分散性越好，材料机械性能越好，熔体黏度越高。这些研究为拓展 PA10T 的应用提供了可能。

4.5　聚酰胺 PA610

4.5.1　聚酰胺 PA610 结构与性质

聚酰胺 PA610，俗称尼龙 610，化学名称为聚癸二酰己二胺，化学结构式如图 4.15 所示。其性能介于 PA6、PA66 和长碳链聚酰胺之间，外观为半透明的白色颗粒，密度为 $1.07\ \mathrm{g/cm^3}$，尺寸稳定性好、吸水率低。

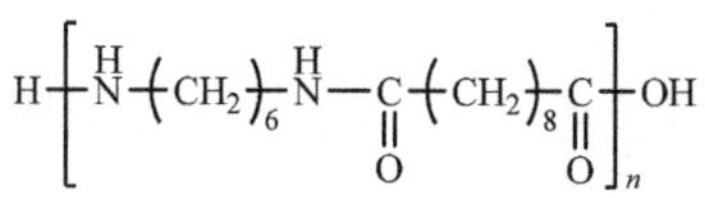

图 4.15　聚酰胺 PA610 化学结构式

4.5.2　聚酰胺 PA610 合成工艺

聚酰胺 PA610 是以 1, 6-己二胺和癸二酸为单体合成，其中癸二酸可通过蓖麻油裂解获得。PA610 的合成也是包括成盐和聚合两个反应过程，具体反应式如下所述。

1. 成盐反应

先将癸二酸溶解于乙醇中，加入 1, 6-己二胺中和生成 PA610 盐（图 4.16）。

$$H_2N\!\!-\!\!(CH_2)_6\!\!-\!\!NH_2 \ + \ HOOC\!\!-\!\!(CH_2)_8\!\!-\!\!COOH \longrightarrow {}^+H_3N\!\!-\!\!(CH_2)_6\!\!-\!\!NH_3^+ \cdot {}^-OOC\!\!-\!\!(CH_2)_8\!\!-\!\!COO^-$$

图 4.16　成盐反应

2. 缩聚反应

在 270～300℃温度、1.7～2.0 MPa 压力下，将 PA610 盐进行缩聚制得具有一定分子量的聚合物 PA610（图 4.17）。

$$n\,{}^+H_3N\!\!-\!\!(CH_2)_6\!\!-\!\!NH_3^+ \cdot {}^-OOC\!\!-\!\!(CH_2)_8\!\!-\!\!COO^- \longrightarrow \!\!-\!\![NH\!\!-\!\!(CH_2)_6\!\!-\!\!NHCO\!\!-\!\!(CH_2)_8\!\!-\!\!CO]_n\!\!-\!\! + (2n-1)H_2O$$

图 4.17　缩聚反应

从上述反应式可以看出，随着水的不断脱出，生成酰胺键，同时形成线形高分子聚合物，因此反应体系内水的扩散速率决定了聚合反应速率。PA610 制备工艺的关键所在是如何在短时间内高效率地将水排出体系。由于 PA610 的缩聚反应生成的聚合物中低分子化合物不多（小于 1%），所以一般不需要特殊处理。

PA610 的生产可采用间歇缩聚法和连续缩聚法两种工艺。其中，间歇缩聚工艺是在高压釜中一定的温度和压力条件下进行缩聚反应，因其设备简单、工艺成熟、产品更换灵活，是目前国内大多 PA610 产品生产路线。

4.5.3　聚酰胺 PA610 性能及应用

1. 性能

PA610 结晶度较高（40%～60%），具有较高的强度、韧性和耐磨耗性。同时，PA610 耐油、耐化学品，稳定性好，属自熄性材料，且加工温度范围宽于 PA66，可采用注射、挤出和喷涂等方法成型。同时，PA610 吸水性较小，低于 PA6 和 PA66。

2. 应用

1）在汽车工业中的应用

PA610 可用于制备汽车上的冷却剂循环系统、进气系统部件，转向器，门把手等。

2）在工业制品中的应用

PA610 可替代金属材料，满足下游工业产品轻量化、低成本的要求，广泛应用于齿轮、衬套、密封材料、输油管道、储油容器、绝缘材料、仪表外壳、钢丝刷等工业必需品，可用于机械制造、运输等行业。

4.5.4　聚酰胺 PA610 国内外研究进展

1941 年，美国杜邦公司首次研发成功 PA610，并于 20 世纪 50 年代开始生产和应用。当前，生产 PA610 的厂家已有很多，国外的主要有杜邦公司、东丽株式会社、巴斯夫公司等；国内的生产厂家主要有慈溪洁达纳米科技有限公司、山东东辰工程塑料有限公司、江苏建湖县兴隆尼龙有限公司等。

2008 年 5 月，巴斯夫公司向市场推出了牌号为 Ultramid®S Balance 的生物基 PA610；2010 年，巴斯夫公司宣布将把生物基 PA610 推向市场，供汽车和其他设备制造商使用。巴斯夫公司之所以对 PA610 感兴趣，不仅是因为它的可再生资源基础，还因为它的性能优于 PA6 和 PA66，在某些性能上甚至可与 PA612 和 PA12 相媲美。

2010 年，罗地亚公司推出 Technyl®eXten PA610 产品，该材料可以有效替代包括 PA12 在内的长链聚酰胺材料，以缓解 PA12 供应短缺的状况。与 PA12 相比，Technyl®eXten 具有卓越的环保性，并为客户提供了一系列的技术和成本效益优势。

郑州大学的胡雪梅等选用环氧树脂（EP）及乙烯、马来酸、甲基丙烯酸缩水甘油酯三元共聚物（EMG）为增溶剂，采用熔融挤出法制备了 PA610/PC/EP 合金和 PA610/PC/EMG 合金，其缺口冲击强度比 PA610 提高 84.1%[43]，改善了 PA610 的抗冲击性能，拓宽其应用范围。

4.6　聚酰胺 PA1012

长碳链尼龙在学术上并没有严格的定义，通常指主链上两个酰胺基团间含有十个以上亚甲基的尼龙。因为其分子链中含有较多的亚甲基和低浓度的酰胺基，长碳链尼龙有一些普通尼龙没有的特性，如低吸水率，以及良好的尺寸稳定性、柔韧性、耐磨性和电性能。

4.6.1　聚酰胺 PA1012 结构与性质

聚酰胺 PA1012，俗称尼龙 1012，化学名称为聚十二碳二酰癸二胺，化学结构式如图 4.18 所示。

其中，原料之一的癸二胺可以蓖麻油为原料制备；而另一原料十二碳二酸是以石油副产品"轻蜡"经微生物发酵而来的。这两种原料来源广泛、节能环保、综合成本较低，有利于 PA1012 的生产和推广。

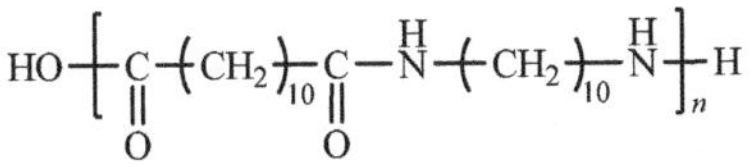

$$HO \left[\underset{O}{\overset{O}{\underset{\|}{C}}} (CH_2)_{10} \underset{O}{\overset{O}{\underset{\|}{C}}} - N \overset{H}{|} (CH_2)_{10} \underset{|}{\overset{H}{N}} \right]_n H$$

图 4.18　聚酰胺 PA1012 化学结构式

PA1012 也是一种新型的工业用聚酰胺，密度为 1.02 g/cm³。因其具有低熔点、低密度、优秀的抗冲击性能、较低的介电常数和较强的亲水性等优点，受到了广泛的关注。此外，由于 PA1012 含有一个相同数量的亚甲基单位，即二胺和二酸链段数相同，因此 PA1012 具有一个特殊的结晶结构，然而目前关于这些方面的相关报道很少。

聚酰胺类材料的晶型转变主要取决于—NH—与—CO—间的氨键作用、链段的长度和亚甲基的奇偶数。由于 PA1012 属于长链尼龙，其柔顺性较短链尼龙好，并且 PA1012 的对称规整性好，具有 α 晶型、β 晶型和 γ 晶型，这几种晶型可以在一定环境下互相变化。通常 PA1012 以 α 晶型、β 晶型两种形式存在。

4.6.2　聚酰胺 PA1012 合成工艺

1. 原料制备与纯化

以十二碳正构烷烃为原料，经微生物发酵获得十二碳二酸，并对其进行纯化处理，以去除发酵液中的细菌蛋白和金属离子。纯化处理时，活性炭的用量与十二碳二酸的质量比为 0.02∶1。反应温度控制为 60～65℃，恒温搅拌 30 min，抽滤去除活性炭及杂质。将滤液经旋转蒸发器蒸干得到白色析出物，析出物置于 90℃的烘箱中烘干得到精制的十二碳二酸。

2. 成盐反应

精制后的十二碳二酸（用无水乙醇溶解，优化的无水乙醇与十二碳二酸质量比为 5∶1）加入反应釜中，反应温度为 70～75℃，向烧瓶中不断滴入癸二胺的无水乙醇溶液（癸二胺与无水乙醇按质量比 1∶1.5 配制）并不断搅拌，可观察到白色晶体析出。反应溶液的 pH 达到 7.0 时，在此温度下加热回流约 30 min 后，冷却至室温。然后抽滤反应溶液，得到固体粉并进行真空干燥，即得到 PA1012 盐。

3. 缩聚反应

在高压聚合反应釜中将制好的 PA1012 盐、过量的 3%（摩尔分数）癸二胺（以制备 PA1012 盐所用的癸二胺计）与一定比例的调节剂乙酸混合。聚合反应如图 4.19 所示。使用真空泵抽空空气后，充入二氧化碳。再次抽空后，充入二氧化碳气体至 0.05 MPa。将反应釜逐渐升温至 220℃，此时系统压力达到约 1.1 MPa，反应釜维持此压力，保压 30 min。然后逐渐放气并对反应釜升温，3 h 后使釜温达到 240℃，压力降至常压。在此条件下继续反应 1 h，向釜内充入 0.5 MPa 二氧化碳并且出料，物料经水冷后进入切粒机切成粒子状，烘干得到 PA1012 颗粒[44]。

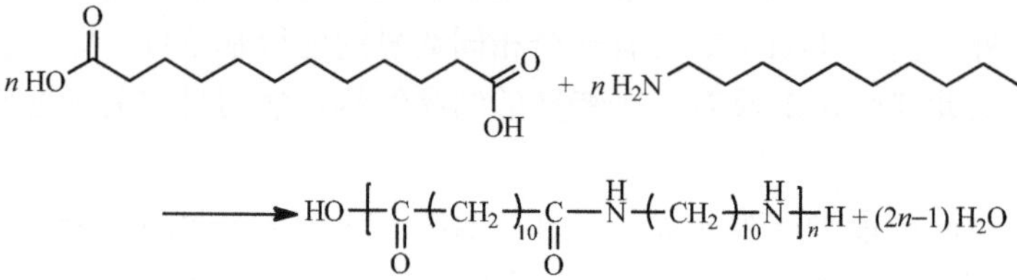

图 4.19　聚合反应

在制备 PA1012 的过程中通常需要加入一定量的摩尔质量调节剂，控制酰胺化反应的进行以获得摩尔质量合适的产品。选择不同种类的调节剂（如单官能团的羧酸或胺类）以及改变调节剂的用量都将对最终产物的性能产生较大影响。

4.6.3　聚酰胺 PA1012 性能及应用

1. 性能

PA1012 是一种新型的工程塑料，与短链的尼龙 6 或尼龙 66 相比，熔点和密度略低，具有卓越的抗冲击性能、低介电常数、低的吸水性。PA1012 分子结构中的—CO—NH—极性基团使大分子链在排列过程中更加规整，呈平面伸展型结构，易于结晶化，同时分子末端含有—NH和—COO，致使分子间能够形成氢键作用促使结晶更加稳定。密度低、流动性好、低摩擦、抗震等优势，使其在齿轮、轴承部件、工业零部件、汽车及工业管路、装饰薄膜、粉末涂料等领域被广泛应用。

PA1012 是一种性能杰出的新型聚酰胺，这种类型的聚酰胺在使用范围中对韧性的要求比较高。为了扩大 PA1012 的应用和使用领域，需要通过物理和化学等方法对其性能做出必要的改进。

2. 应用

目前，PA1012 已广泛应用于汽车、机械、电缆等领域。通过独特的改性配方和混合技术，PA1012 可以显著提高尼龙的强度、韧性和耐低温性能，在-40℃时仍可以保持优良的机械性能，可替代 PA11、PA12，采用挤出成型工艺用于制造汽车制动油管、起重机高压油管、高压气管及输油管线。厦门聚大塑料有限公司开发的部分产品已出口到美国、德国、俄罗斯、印度、伊朗等地，用 PA1012 制造的输油管已成功地大批量应用于西伯利亚高寒沙漠地区。

4.6.4　聚酰胺 PA1012 国内外研究进展

在制备 PA1012 的过程控制中，李闻达等以癸二胺和十二碳二酸为原料，同时在合成过程中引入单官能团调节剂乙酸，成功制备了 PA1012。并且通过改变乙酸的加入量，研究了调节剂用量对 PA1012 端基含量及流变性能的影响[44]。随着乙酸加入量的增加，聚合物的端羧基（—COOH）含量增加，相对黏度、熔点及热稳定性均呈下降趋势。当乙酸加入量较少时，体系中未反应的端氨基（—NH_2）和端羧基（—COOH）的含量均较高，聚合物在密炼过程中会发生明显的增黏行为；而乙酸加入量较多时，聚合物的熔体黏度较稳定，且随反应时间缓慢下降。

长春工业大学在 PA1012 改性方面做了较多的研究，采用核壳聚合物增韧改性 PA1012，取得了显著的成果[45, 46]。①选用甲基丙烯酸环氧丙酯接枝改性聚丙烯酸酯（ACR-g-GMA）核壳结构抗冲击改性剂粒子作为增韧剂，改变 ACR-g-GMA 用量与 PA1012 通过熔融共混挤出造粒，制备 PA1012/ACR-GMA 共混物，发现当 ACR-g-GMA 含量为 9%时缺口冲击强度达到最大值 83.2946 kJ/m^2，是纯 PA1012 的 3.8 倍。②在乳液聚合添加具有刚性特点的苯乙烯-马来酸酐（SMA）用以增韧 PA1012，获得的共混物力学性能好，显著提升抗冲击强度，是纯 PA1012 的 14.5 倍。并且加入 SMA 后，能改变 PA1012 的晶型结构（α 晶型和 β 晶型），对 α 晶型明显起到促进作用，同时削弱了 β 晶型生长。

材料的尺寸对其性质有着重要的影响。为实现零维度（粉体）材料的功能化，制备形状单一的粉体，王延伟等[47]采用溶剂沉淀法成功制备了 TiO_2/PA1012 复合粉体，对粉体的热性能和结构进行了研究。结果表明，相对于纯 PA1012 粉体，加入 TiO_2 后的复合粉体更加趋于规则的球形结构，粒径大幅度减小，粉体大小及分布更适合于选择性激光烧结（SLS）的加工过程；粉体的结晶速率提高、烧结窗口温度增加，改善了成型件的质量，无需后处理。该方法一次性成功地制备了较为均一的 TiO_2/PA1012 复合球形粉体，当 TiO_2 含量为 2%时，粉体综合性能最优。

在粉体填料改性 PA1012 方面，曹毅等[48]通过高温高压溶剂沉淀法成功制备了选择性激光烧结用聚酰胺 PA1012/纳米羟基磷灰石（PA1012/n-HAP）复合粉体。与同比例 PA1012/n-HAP 复合材料相比，溶剂沉淀法制备的 PA1012/n-HAP 复合粉体的熔融温度降低了 4～6℃，且结晶度明显提高；PA1012/n-HAP 复合粉体的烧结温度窗口宽于纯 PA1012 粉体，且当 n-HAP 含量为 1%时达到最大值 17.1℃。

由于复合粉体粒径可随 n-HAP 含量的变化而改变,因此能实现对粉体粒径的调控。在加入 10%的 n-HAP 时,粉体粒径由纯 PA1012 粉体的 126.14 μm 降至 54.87 μm,且粉体趋于规整的球体;随着 n-HAP 含量的增加,复合粉体的堆积密度逐渐增大,休止角则呈下降趋势,且粉体流动性增强。

参 考 文 献

[1]　Florian S, Patrick O, Stefan M. Long-chain aliphatic polymers to bridge the gap between semicrystalline polyolefins and traditional polycondensates. Chem Rev, 2016, 116（7）：4597-4641.

[2]　González-Paz R J, Lluch C, Lligadas G, et al. A green approach toward oleic-and undecylenic acid-derived polyurethanes. J Polym Sci Pol Chem, 2011, 49（11）：2407-2416.

[3]　Zuo J Q, Li S J, Bouzidi L, et al. Thermoplastic polyester amides derived from oleic acid. Polymer, 2011, 52（20）：4503-4516.

[4]　季栋,方正,欧阳平凯,等. 生物基聚酰胺研究进展. 生物加工过程, 2013, 2：77-84.

[5]　Oğuz Türünç, Meier M A R. Fatty acid derived monomers and related polymers via thiolene（click）additions. Macromol Rapid Comm, 2010, 31：1822-1826.

[6]　Mutlu H, Meier M A R. Castor oil as a renewable resource for the chemical industry. Eur J Lipid Sci Tech, 2010, 112（1）：10.

[7]　Meier M A R. Plant-oil-based polyamides and polyurethanes：Toward sustainable nitrogen-containing thermoplastic materials. Macromol Rapid Comm, 2018：1800524.

[8]　高震. 尼龙 11 的合成及其复合材料的制备和性能研究. 北京：北京化工大学, 2015.

[9]　崔小明. 工程塑料尼龙 11 的开发与应用. 四川化工与腐蚀控制, 2000, 3：25-28.

[10]　Bian J, Yang S, Guan Z P. Preparation and characterization of nylon 11/thermally expanded graphite nanocomposites. Journal of Xihua University, 2011, 3：48-52.

[11]　Guo Y. Advance in study on blending modification of nylon 11 alloy. New Chem Mat, 2010, 1：20-22.

[12]　Martino L, Basilissi L, Farina H, et al. Bio-based polyamide 11：Synthesis, rheology and solid-state properties of star structures. Eur Polym J, 2014, 59：69-77.

[13]　朱俊,张兴元. 晶型转变对尼龙 11 分子链运动的影响. 化学物理学报, 2005, 4：631-634.

[14]　Chen P K, Newman B A, Scheinbeim J I, et al. High pressure melting and crystallization of Nylon-11. J Mater Sci, 1985, 20（5）：1753-1762.

[15]　刘飞虎,洪哲,王忠,等. 蓖麻油酸甲酯合成和高温裂解反应条件优化. 工业催化, 2018, 26：120-123.

[16]　郝永莉,胡国胜. 尼龙 11 的性能、合成及应用. 化工科技, 2003, 11（6）：54-58.

[17]　毛巍. 微波辅助十一烯酸制备工艺研究. 应用化工, 2008, 37（12）：1481-1483.

[18]　王丽. 聚酰胺十一的生产工艺流程. 山东化工, 2018, 47：71-72.

[19]　崔建兰,徐春彦. 11-氨基十一酸合成新工艺的研究. 应用化工, 2002,（6）：24-25.

[20]　张庆新,莫志深. 尼龙 11 结构与性能的研究进展. 高分子通报, 2001, 6：27-37.

[21]　朱建民. 聚酰胺树脂及其应用. 北京：化学工业出版社, 2011.

[22]　魏章申. 聚酰胺-11 的生产技术和应用. 河南化工, 2000, 8：5-6.

[23]　蒋波,蔡鹏飞,秦显忠,等. 生物基尼龙材料改性与应用进展. 化工进展, 2020, 39（9）.

[24]　杨风霞,王天喜. PA11/PA1010 共混物的性能研究. 塑料科技, 2010, 5：14-16.

[25]　Ayorinde F O, Nana E Y, Nicely P D, et al. Syntheses of 12-aminododecanoic and 11-aminoundecanoic acids from

vernolic acid. J Am Oil Chem Soc，1997，74：531-538.

[26]　Jean-luc C，Jean-luc D. Process for the synthesis of C_{11} and C_{12} omega-aminoalkanoic acid esters comprising a nitrilation step：US8835661B2. 2014-09-16.

[27]　Mudiyanselage A Y，Viamajala S，Varanasi S，et al. Simple ring-closing metathesis approach for synthesis of PA11，12，and 13 precursors from oleic acid. ACS Sustain Chem Eng，2014，2：2831-2836.

[28]　郭云霞，胡国胜，王标兵. 共混改性尼龙 11 合金的研究进展. 化工新型材料，2010，38：20-22.

[29]　胡国胜，李迎春. 尼龙 11 的改性与应用. 工程塑料应用，2005，12：33-35.

[30]　卞军，杨爽，管征平. 尼龙 11/热膨胀石墨纳米复合材料的制备与表征（英文）. 西华大学学报（自然科学版），2011，30：48-52.

[31]　周清宇. 高分子量聚酯的制法. 聚酯工业，1992，（1）：55.

[32]　汪多仁. 纳米聚酰胺 1010 的应用与开发. 塑料技术，2003，1：56-66.

[33]　戴军，尹乃安. 生物基聚酰胺的制备及性能. 塑料科技，2011，39：72-75.

[34]　葛世荣，张德坤，朱华，等. 碳纤维增强尼龙 1010 的力学性能及其对摩擦磨损的影响. 复合材料学报，2004，2：99-104.

[35]　王保祥，李凌，葛世荣，等. 表面处理碳纤维对增强尼龙复合材料性能影响. 中国矿业大学学报，2002，2：51-54.

[36]　王伟华，葛世荣. 填料特性对尼龙摩擦学性能的影响及作用机理. 中国矿业大学学报，2000，5：77-81.

[37]　王世博，葛世荣，朱华，等. ZnO 填充尼龙 1010 的摩擦磨损行为研究. 润滑与密封，2005，5：20-25.

[38]　葛世荣，王庆良，李凌，等. 纳米 TiO_2 和 SiO_2 填充尼龙的摩擦磨损行为. 摩擦学学报，2004，2：152-155.

[39]　孙学科，高红军，麦堪成，等. 基于 PA10T 的生物基耐高温聚酰胺的合成. 工程塑料应用，2017，45：1-5.

[40]　肖伟，胡国胜，张静婷，等. 耐高温尼龙 10T 的研究进展（英文）. J Measure Sci Instru，2018，9：92-97.

[41]　曹明，章明秋，黄显波. 聚对苯二甲酰癸二胺的合成与表征. 石油化工，2008，37：714-717.

[42]　易庆锋，赵智源，姜苏俊，等. 球形氧化铝在填充 PA10T 中的分散性研究及其对材料性能的影响. 塑料工业，2015，43：112-114.

[43]　罗楠. PA610/PC 合金的制备与表征. 郑州：郑州大学，2007.

[44]　李闻达，张传辉，肖中鹏，等. 聚十二碳二酰癸二胺（PA1012）的合成与性能表征. 塑料工业，2014，42：5-9.

[45]　周云霞. ACR-g-GMA 增韧 PA1012 及其性能研究. 长春：长春工业大学，2015.

[46]　周云霞，吕云侠，吴广峰，等. 核壳结构粒子增韧 PA1012 的性能研究. 塑料工业，2015，43：22-25.

[47]　王延伟，赵珂，卢晓龙，等. TiO_2/PA1012 复合粉体的制备及分析. 塑料，2017，46：34-37.

[48]　曹毅，张雅琪，孙梦迪，等. PA1012/n-HAP 复合粉体的制备及热性能和流动性表征. 塑料科技，2018，46：21-25.

第5章 糖类原料制备生物基聚酰胺材料

5.1 糖基聚酰胺材料概述

糖类原料如甘蔗、甜菜、甜高粱茎秆、糖蜜等，来源丰富、价格低廉，可以作为生物基聚酰胺合成的重要原料来源。

以糖类为原料，通过发酵策略和酶催化或化学催化策略，已经实现了多种二元酸的生物合成，主要包括己二酸、丁二酸、L-酒石酸、葡萄糖二酸、半乳糖二酸、D-甘露糖二酸等；生物合成的二元胺主要包括 1,4-丁二胺、1,5-戊二胺等。将生物基二元酸与生物基二元胺缩聚合，可以得到熔点不同、水溶性不同的生物基聚酰胺。

本章主要介绍以糖为原料合成的 PA46、PA56、PA510、PA5T、PA6 以及 PA66 的合成工艺路线、突出性能特点及用途等。

5.2 聚酰胺 PA46

5.2.1 聚酰胺 PA46 结构与性质

聚酰胺 PA46，化学名称为聚己二酰丁二胺，俗称尼龙 46，是由 1,4-丁二胺与己二酸缩聚形成的高结晶聚酰胺[1]。如图 5.1 所示，在 PA46 的分子结构中，以酰胺键为中心四个亚甲基在分子主链上对称分布，形成一种排列规整、结构紧密的空间构象。这种规整的分子构象赋予了聚酰胺 PA46 极高的结晶度，进而表现出 278～295℃的极高熔点，是目前熔点最高的脂肪族聚酰胺[1]。

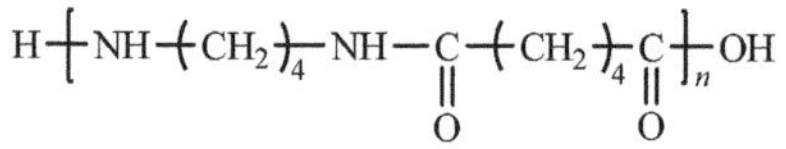

$$H + NH + CH_2 \big)_4 NH - \underset{\underset{O}{\|}}{C} + CH_2 \big)_4 \underset{\underset{O}{\|}}{C} \big]_n OH$$

图 5.1 聚酰胺 PA46 的结构式

PA46 高聚物的密度为 1.24 g/cm³，具有较好的物理化学性质，被认为是金属的理想替代品[2]。聚酰胺 PA46 具有排列规整的分子结构及高结晶度，这导致其在一些溶剂中的溶解度较低。它只溶于 98%的硫酸与甲酸，在三氟乙酸中微溶。聚酰胺 PA46 的酰胺键密度高，因此具备良好的吸水率。但结晶度的增加会导致样品吸湿性能的减弱，当空气中的相对湿度为 65%时，结晶度较高样品的吸水率为 1.6%[3]。

在偶数键聚酰胺中，大分子链平行排列或者反向平行排列，均能使其中的酰胺基团全部形成氢键，这些规律排列的氢键使得聚酰胺 PA46 之间具备较强的结合力[4-8]。因为这种规整且结晶度高的结构，使聚酰胺 PA46 具备耐高温、耐高机械强度、耐磨性好等优良的性质。

5.2.2　聚酰胺 PA46 合成工艺

聚酰胺 PA46 中 1, 4-丁二胺单体可以以 L-鸟氨酸为原料，通过酶法脱羧获得，进而与己二酸聚合成 PA46。由于聚酰胺 PA46 具有高熔点的特性，需要较高的反应温度，因此其合成工艺的开发受到了限制，当前主要采用固相聚合、熔融聚合、溶液聚合及界面聚合四种工艺路线[9, 10]。

1. 固相聚合

帝斯曼公司开发的固相聚合工艺是聚酰胺 PA46 最主要的工业化生产路线。该过程分为成盐、预聚合、后缩聚三步。首先，以 1, 4-丁二胺和己二酸为底物合成 PA46 盐；其次，将得到的 PA46 盐放入高压反应釜中，通过预缩聚后得到白色低分子量聚合物；最后，将所得的白色聚合物粉碎成小颗粒，装入带有搅拌的反应器中，通入惰性气体或者抽真空，在高温条件（290℃）下进行后缩聚反应，所得白色聚合物即为聚酰胺 PA46。缩聚反应流程如下。

1）聚酰胺 PA46 盐的制备

制备聚酰胺 PA46 的第一步是 1, 4-丁二胺与己二酸在醇溶液中反应，得到 PA46 盐，反应式如图 5.2 所示。

$$H_2N+CH_2\frac{}{4}NH_2 \ + \ HOOC+CH_2\frac{}{4}COOH \longrightarrow$$

$$^+H_3N+CH_2\frac{}{4}NH_3^+ \cdot {}^-OOC+CH_2\frac{}{4}COO^-$$

图 5.2　聚酰胺 PA46 盐的制备过程示意图

2）PA46 盐的预聚合

将 PA46 盐溶于 N-甲基-2-吡咯烷酮溶剂中，在带有回流冷凝装置的反应釜中，175～200℃高温下与过量的 1, 4-丁二胺（TMDA）进行预缩聚，得到呈白色的预聚物，反应式如图 5.3 所示。

$$(m\cdot n)^+H_3N + CH_2\frac{}{}_4 NH_3^{+\cdot -}OOC + CH_2\frac{}{}_4 COO^- + mH_2N + CH_2\frac{}{}_4 NH_2$$

$$\longrightarrow mH + HN + CH_2\frac{}{}_4 NH - \underset{O}{C} + CH_2\frac{}{}_4 \underset{O}{C} NH + CH_2\frac{}{}_4 NH_2 + (2m\cdot n)H_2O$$

图 5.3　PA46 盐的预聚合过程示意图

3）后缩聚

预聚物在真空（或过热蒸汽和 N_2 的混合气体）保护下，高温加热，进行固相聚合，反应 2～12 h 后可获得平均分子量为 15000～75000 的白色聚合物。在聚合过程中伴有热降解、氧化降解等副反应。

2. 熔融聚合

聚酰胺 PA46 的熔融聚合主要分为三步，第一步同样合成 PA46 盐；第二步是在 210～220℃的水溶液中，将 PA46 盐合成 PA46 的低聚体；第三步是在高于聚酰胺 PA46 熔点的温度下，将上步所得 PA46 的低聚体进行熔融缩聚，最终可以得到高分子量的聚酰胺 PA46。合成聚酰胺 PA46 的单体 1,4-丁二胺具有低熔点、易挥发、易在高温下环化的特点[11]，导致在 300℃反应温度下伴随大量副反应的进行，如产物的热降解、脱氨等，所以基于熔融聚合的生产工艺所获得的产物分子量往往不高，难以满足产品需求。同时整个反应过程中高温的环境，易导致产品颜色发黄，难以达到市场需求的标准。

3. 溶液聚合

以 1,4-丁二胺和己二酰二氯为底物，在三氯甲烷溶液中进行的聚合反应，称为聚酰胺 PA46 的溶液聚合[12]。尽管这种溶液聚合法能够得到一定分子量的聚合物，但反应过程中产生大量的 HCl，增加了后续的设备维护及去除 HCl 的成本，同时反应过程产率过低，阻碍了聚酰胺 PA46 溶液聚合生产法的实际应用与发展。

4. 界面聚合

聚酰胺 PA46 的界面聚合是以己二酰二氯和 1,4-丁二胺为原料[13]，其中水相中溶解有 1,4-丁二胺，有机相四氯甲烷中溶有己二酰二氯，将水相与有机相进行反应后可得到呈白色的聚酰胺 PA46 聚合物。反应式如图 5.4 所示。

界面聚合法能够制备得到高分子聚合物，且反应迅速、作用条件温和、对底物纯度要求不高，但是利用该方法制备聚酰胺 PA46 也存在一些不足。例如，在水相中溶解度较大、在有机相中溶解度较小的 1,4-丁二胺容易发生水解反应，致使反应效率降低；在反应过程中，需要反复回收溶剂，这一步骤使整体的工艺流程复杂化，进而导致界面聚合法在工业化放大生产中无法形成优势。

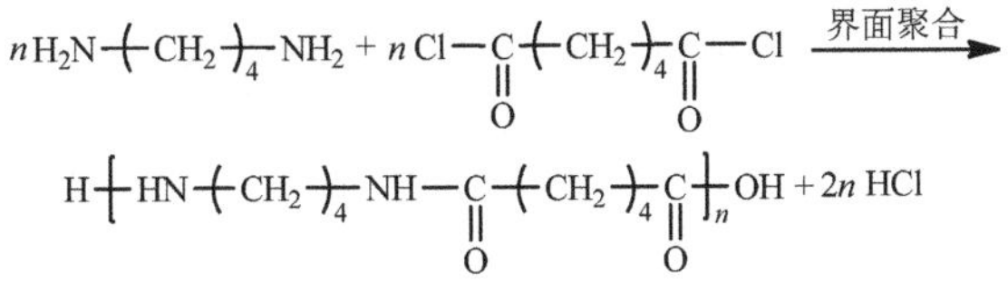

$$n\,H_2N-(CH_2)_4-NH_2 + n\,Cl-\underset{O}{\overset{}{C}}-(CH_2)_4-\underset{O}{\overset{}{C}}-Cl \xrightarrow{\text{界面聚合}}$$

$$H-\left[HN-(CH_2)_4-NH-\underset{O}{\overset{}{C}}-(CH_2)_4-\underset{O}{\overset{}{C}}\right]_n OH + 2n\,HCl$$

图 5.4　聚酰胺 PA46 的界面聚合过程示意图

5.2.3　聚酰胺 PA46 性能及应用

1. 性能

聚酰胺 PA46 排列规整，紧密结合的分子结构赋予了它优异的力学性能、耐腐蚀性、耐热性、阻燃性等。

1）抗冲击性

聚酰胺 PA46 的成晶过程伴随着许多微小球晶的生成，使 PA46 材料具备很好的韧性及抗冲击性，如表 5.1 所示[14]。同时 PA46 也具有较高的弯曲模量，例如，未经玻纤增强的纯 PA46 的弯曲模量为 3.2×10^3 MPa[15]，经过增强后，其弯曲模量可以提高到 9.0×10^3 MPa。

表 5.1　不同聚酰胺在不同条件下的冲击强度[14]　　（单位：kJ/m^2）

种类	冲击强度		
	23℃，干态	23℃，湿态	−20℃，湿态
PA46	10	40	7
PA6	5	25	4
PA66	3	18	3

2）摩擦磨损性能

聚酰胺 PA46 在耐疲劳性能优越的情况下，兼具较强的贮存模量，再加上 PA46 的制备成品表面光滑坚硬，赋予了其较优的耐磨性能[16]。

3）高温下的刚性

PA46 排列规整的分子结构赋予其较高的结晶度和高熔点，因此在接近熔点温度的情况下，PA46 依旧能保持高刚度。同时材料的刚性优良，不随温度的剧烈变化而降低，具有较宽泛的温度稳定性。

4）耐高温性

聚酰胺 PA46 在高温下可以保持良好刚性，同时也具备十分优越的耐热性质。

不同聚酰胺的热性能比较如表 5.2[17]所示。

表 5.2　不同聚酰胺的热性能参数比较[17]

种类	T_m/℃	T_g/℃	T_c/℃	ΔH_f/(J·g)
PA46	290	78	265	98
PA66	260	66	218	77
PA6	220	59	173	63

5）耐蠕变性

由于聚酰胺 PA46 具有高的结晶度，因此与其他聚酰胺（PA6、PA66）相比，PA46 在高温下具备更好的耐蠕变性与尺寸稳定性，同时当加载动态载荷时受时间影响较小。

6）耐疲劳性

聚酰胺 PA46 具备较好的耐疲劳性，它的疲劳强度可达到铝合金和铸铁的一般标准，为其最大拉伸强度的 20%~30%[14]。

7）耐化学药品性能

较高的结晶度也使聚酰胺 PA46 具备极佳的耐化学药品性能，如表 5.3[15]所示。

表 5.3　聚酰胺 PA46 对不同化学品的耐化学药品性能[15]

化学品种类	化学品名称	耐化学药品性能
碱液	10%氨水	B
无机酸	10%盐酸、10%硫酸	C
碳氢化合物	甲苯、二甲苯、环己烷	A
醇类	甲醇、丁醇、乙二醇	B
酮类	丙酮、丁酮	A
卤化物	四氯化碳	A
酯类	乙酸乙酯	A
其他	汽油、机油、润滑油	A

注：A 表示质量、尺寸几乎无变化；B 表示质量、尺寸几乎稍有变化；C 表示表面稍受侵蚀

8）阻燃性和导电性

聚酰胺 PA46 具有较高的表面与体积电阻率及绝缘强度，它甚至可在高温下保持较高水平的阻燃性能。

9）涂饰性和染色性

聚酰胺 PA46 分子结构含有较高浓度的酰胺基团，使其具有较高的表面极性，

这有利于染料和涂料的黏结，因此 PA46 兼具优越的涂饰性与染色性能[18]。

10）加工性能

聚酰胺 PA46 具有热容量小、热传导率大、结晶速率比较快、流动性好的特点。这些特性可大大缩短其成型周期，同时又使其具备成本低廉、使用寿命长及性能可靠等优势。例如，在汽车与电子应用领域，Stanyl 聚酰胺 PA46 拥有无可替代的性能与价值。它能在高温下保持优异的机械性能、耐磨性、低摩擦性及卓越的流动性，从而在加工处理、特殊设计方面更为称心如意。Stanyl 聚酰胺 PA46 在高温工作的条件下，通常展现出比 LCP、PPS、PPA、PA9T 和 PA6T 等材料更优的性能。

2. 应用

聚酰胺 PA46 易于加工成型，可应用于注塑机、挤出机、纺丝机的产品制作。同时它兼具良好的耐高温、高强度及加工性能，可广泛应用于汽车、电子、机械制备等领域，如制造纤维、齿轮、传动零件及连接器件等。主要应用范围包括以下领域。

1）PA46 纤维

PA46 纤维质地轻盈，具备较高韧性与强度，耐磨性能良好，当前已广泛用于制造缝纫线、轮胎帘子线、空气袋织物、过滤材料等各种工业领域[19]。

2）汽车制造业

聚酰胺 PA46 具有优异的耐高温性、耐疲劳性、耐腐蚀性和刚性，在高达 230℃ 的温度下可长期工作，同时与高温下的高硬度、持久的疲劳耐久性和卓越的耐磨性相结合，使其成为汽车制造过程中某些零部件理想的制造材料，已广泛应用在汽车行业 20 余年，用于制造发动机罩、引擎、水箱壳、汽车散热零件等[20]。

3）电子、电器行业

随着科技水平的提高，以智能化、小型化、轻薄化、个性化为主要特征的电子信息及电器时代正在快速发展，对材料的刚性、耐蠕动性、抗化学性、耐磨性等方面的性能要求越来越严格。PA46 以其优良的特性，被广泛用于电子、电器行业，用于生产电阻器、接插件、开关、继电器屏蔽套、交流接触器及插头等。

4）机械工业

聚酰胺 PA46 具备高刚度、耐磨与耐高温性等性能，被广泛应用于各类机件的建造，如齿轮、传送轮、轴承支架等。PA46 制成的齿轮具备噪声小、平衡性强、制备成本低廉等特点而广受好评。

5）户外设备

聚酰胺 PA46 在高温下具有出色的刚性，并具有持久的疲劳耐久性和出色的耐磨性，非常适合各种恶劣的环境。因此聚酰胺 PA46 可用于制造运动、休闲等方面的消费品，特别是户外动力设备（OPE）。

5.2.4　聚酰胺 PA46 国内外研究进展

聚酰胺 PA46 于 20 世纪 30 年代首次被 Wallace 和 George[21]合成，但由于当时技术设备落后，所制得的聚酰胺 PA46 产品色泽呈现棕黑色，且分子量较低、性能无法满足使用需求。从 20 世纪 30 年代到 70 年代，一方面由于聚酰胺 PA46 的熔点较高，采用传统的制备工艺容易发生热分解和氧化反应，难以得到高分子量的聚酰胺 PA46 产品；另一方面由于原料 1,4-丁二胺的来源较为稀少，价格昂贵，因此聚酰胺 PA46 的相关研究鲜有报道。

1977 年，Gaymans 等[11]通过固相聚合方法制备出了色泽呈白色的高分子量 PA46。随后 Gaymans 课题组针对 PA46 的合成开展了一系列研究。他们通过研究发现，1,4-丁二胺的化学性质活泼，在合成 PA46 过程中容易挥发，且在高温的反应条件下会自发环化并分解，导致直接参与合成反应的 1,4-丁二胺含量减少，使得体系中端氨基与端羧基比例失调，阻碍分子链的继续延伸增长。为了解决反应过程中 1,4-丁二胺含量自发减少导致反应速率受限的问题，Gaymans 课题组在合成聚酰胺 PA46 盐时，在体系中加入了过量 1,4-丁二胺，通过优化不同比例的添加量，得出合成高分子量 PA46 的最佳反应底物体系[11]。1981 年，Gaymans 课题组[22]进一步指出，长时间的高温反应不利于 PA46 的合成，缓慢的梯度升温过程可有利于将活泼的胺逐渐转化为性质较为稳定的低聚体。1984 年，他又研究发现，以无机酸——磷酸作为催化剂时，能显著缩短反应时间，可在较短时间内高效获得平均分子量为 40900 的高分子量聚酰胺 PA46[23]。1986 年，Gaymans 课题组通过改造反应釜，在预聚合反应釜的出口处连接一个或两个螺旋形的反应管，实现了 PA46 的连续合成。在该连续合成法中，先将事先配制好的 PA46 盐溶液倒入预聚合反应釜中进行预聚合反应，待反应结束，将反应釜的出口开关打开，反应物自动流入螺旋形的反应管中。反应液在温度为 280~300℃的螺旋管中停留几十秒到几十分钟后得到 PA46 预聚物。最后将 PA46 预聚物进行后聚合反应得到 PA46 产物，平均分子量达 40000[24]。

除了 Gaymans 课题组，国外其他课题组在 PA46 的合成工艺的研究和完善方面也进行了大量研究[25-27]。他们将 PA46 盐制备成 PA46 的盐溶液，从而降低了反应过程中 1,4-丁二胺的挥发量。1988 年，Rudolf 等[28]通过优化制备 PA46 盐溶液的配比，分别配制了 PA46 含量为 40%~70%的盐溶液，接着将盐溶液注入蛇形管中并保持 5~30 min，可得到相对黏度为 1.22 的预聚物。将此预聚物进行后缩聚，可得到相对黏度为 3.86 的 PA46。

Roerdink 等[29]进一步优化了 PA46 的合成工艺。在合成 PA46 盐的过程中，控制 1，4-丁二胺过量，提高了 PA46 盐收率。然后将获得的 PA46 盐配成 20%～30%的盐溶液，进行预聚合，并将所得到的预聚物进行喷雾干燥处理、后聚合，获得了分子量为 20000～30000 的聚合物，此工艺成功地缩短了反应时间。1989 年，Roerdink 等[30, 31]进一步对 PA46 的规模化连续生产工艺进行了研究和改善。在产品工业化生产方面，帝斯曼公司最早在世界上实现工业化生产生物基 PA46，其商品名称为 Stanyl，是全球推广的高耐热、高耐磨的世界级聚酰胺 PA46 产品。

在国内，2014 年赵晓[10]以合适浓度的 PA46 盐溶液为底物，以乙醇作为溶剂，经过预聚和后聚两步制备了 PA46。在预聚阶段时，他们通过补加 1，4-丁二胺调整胺酸比。但是在制备 PA46 过程中，成盐温度高于 1，4-丁二胺的沸点，易造成 1，4-丁二胺的挥发、氧化及环化，进而导致胺酸比失调，影响 PA46 产率。2016 年，窦晓勇等[32]根据超临界二氧化碳对聚酰胺的溶胀、增塑及降低熔点等作用特点，在 300℃下以超临界二氧化碳为介质，对 PA46 盐进行缩聚反应，但此工艺缺点是超临界二氧化碳成本高昂，且对设备要求较高。以上工艺的诸多缺陷导致了国内难以实现工业规模化生产。

5.3　聚酰胺 PA5X

聚酰胺 PA5X，俗称尼龙 5X，是以 1，5-戊二胺为氨基供体，以己二酸、癸二酸等作为羧基供体，通过高温缩聚方式制备的一类高分子聚酰胺类化合物，也是近年来开发的一类新型生物基尼龙材料。本节重点介绍 PA5X 中的 PA56、PA510 及 PA5T。

5.3.1　聚酰胺 PA56

1. 聚酰胺 PA56 的结构与性质

聚酰胺 PA56，俗称尼龙 56，化学名称为聚己二酰戊二胺，化学结构式如图 5.5。PA56 的密度为 1.14 g/cm³，回潮率高于 5%。作为新一代的生物基尼龙，PA56 的耐磨性、可纺织性、强度、玻璃化转变温度、柔软度等多项指标可达到甚至优于传统 PA6、PA66、涤纶的部分产品。同时其具有较高的生物基含量，可再生碳含量达到 45%，因而备受关注。

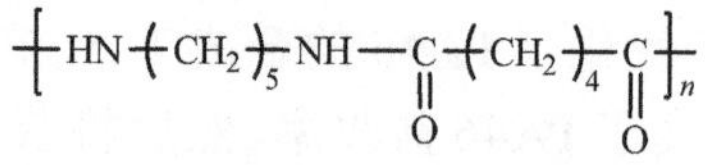

$$\left[HN\left(CH_2\right)_5 NH - \overset{O}{\underset{\parallel}{C}}\left(CH_2\right)_4 \overset{O}{\underset{\parallel}{C}}\right]_n$$

图 5.5　聚酰胺 PA56 化学结构式

2. 聚酰胺 PA56 的合成工艺

聚酰胺 PA56 中 1,5-戊二胺单体制备以 L-赖氨酸为原料，采用生物法合成[33]。其过程是将其与己二酸进行缩聚反应，制得生物基聚酰胺 PA56，其缩聚反应过程同聚酰胺 PA66 相似，具体合成工艺过程如下所述（图 5.6）[34]。

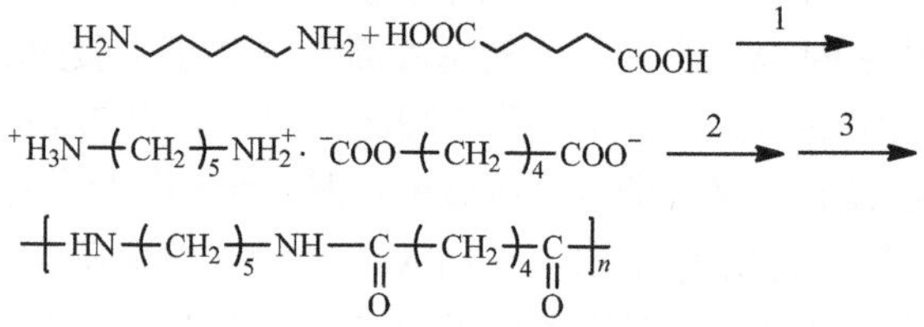

$$H_2N\diagdown\diagup\diagdown\diagup NH_2 + HOOC\diagdown\diagup\diagdown COOH \xrightarrow{\quad 1 \quad}$$

$$^+H_3N\left(CH_2\right)_5 NH_2^+ \cdot {}^-OOC\left(CH_2\right)_4 COO^- \xrightarrow{\quad 2 \quad} \xrightarrow{\quad 3 \quad}$$

$$\left[HN\left(CH_2\right)_5 NH - \overset{O}{\underset{\parallel}{C}}\left(CH_2\right)_4 \overset{O}{\underset{\parallel}{C}}\right]_n$$

图 5.6　聚酰胺 PA56 合成过程示意图

1）制备尼龙盐水溶液

将 1,5-戊二胺与己二酸按照摩尔比 1：1 左右溶解混合，控制盐溶液浓度为 10%左右，pH 为 7～8。随后在 100℃、0.01 MPa 下浓缩至盐浓度达 80%以上。

2）预缩聚

将浓缩后盐浓度 80%以上的尼龙盐水溶液加热至 240℃，得到预聚物。

3）缩聚

将预聚后的料液在 280℃下闪蒸除水后，再加热至 270℃进行减压聚合，最终获得 PA56。

3. 聚酰胺 PA56 的性能及应用

1）性能

（1）力学性能。

PA56 的强度接近 PA66，高于涤纶，比棉花高 1～2 倍，比羊毛高 4～5 倍，是黏胶纤维的 3 倍。其拉伸强度达到 82.6 MPa，断裂伸长率为 5.1%，拉伸模量为 2850 MPa，弯曲强度为 118 MPa，弯曲模量为 2680 MPa。此外，PA56 的密度仅为 1.14 g/cm^3，显著低于涤纶的密度（1.4 g/cm^3），应用在军事物资中，可以在保障强度的前提下有效降低军需服饰或装备约 18%的质量。此外，PA56 材料柔软、可纺性良好、回弹性佳，可减少静电的产生。

（2）吸水性。

PA56 的饱和吸水率较高，回潮率大于 5%，远高于涤纶的吸水率（0.4%），甚至高于 PA66 和 PA6 的吸水率（3%～4%），优异的吸湿排干率可大大提升衣服的穿着舒适度，同时具备较高的抗静电性能。

（3）耐温性。

PA56 的玻璃化转变温度为 45～55℃，低于 PA66（60℃），远低于涤纶（75℃）。材料的耐低温性能良好，在高温、高海拔环境中不易变硬变脆，大大提高了材料的耐低温性能；PA56 的熔点在 260℃左右，接近 PA66 和涤纶的熔点，远高于 PA6 的熔点，可以在 140℃以下长期使用，且 PA56 的熔程小于 PA66，更有利于纺丝加工。

（4）耐磨性。

PA56 的耐磨性比棉花高 10 倍，比羊毛高 20 倍，是黏胶纤维的 50 倍。在混纺织物中加入此类纤维，可大大延长使用寿命，降低使用成本。

（5）耐热性。

PA56 耐热性能优异，自身极限氧指数可达 23.9，远高于棉的 19.8 和 PA6、PA66 的 20.1，混纺阻燃性能优异。

（6）耐酸碱性。

不合适的酸碱条件容易使得 PA56 的结构受到破坏，力学性能下降。研究表明，PA56 耐酸性能较差、耐碱性能良好。

（7）染色性。

聚酰胺 PA56 分子链结构更疏松，染色速率更快，染色温度低，得色更深。与 PA6、PA66 相比，PA56 在 80℃时的染色速率常数是前两者的 4～7 倍，其半染时间分别是前两者的 21.2%和 14.7%。

2）应用

聚酰胺 PA56 目前尚未有大规模工业化产品，但由于其良好的各项性能，有望在军工、服装、轮胎帘子线、绳索、汽车、电子电器、化工、机械和建筑等行业替代 PA66，从而得到广泛应用。

（1）在服装行业的应用。

聚酰胺 PA56 具有阻燃性好、高强度、吸湿、耐热、耐磨、吸水等优良特性，是理想的新型化纤材料，可用于制作袜子、内衣、衬衣、运动衫等，并可与棉、毛、黏胶等纤维混纺，使混纺织物具有很好的耐磨性，可大规模应用于纺织工业中。此外，PA56 本身具有一定的抗菌性能，使其能够在内衣和外衣面料上得到较好的应用。

（2）在汽车领域的应用。

PA56 具有优良的耐热性、耐冲击性、高强度和加工方便等特点，可广泛应用于汽车工业中，如生产燃料滤网、燃料过滤器、罐、捕集器和油贮存器等。同时PA56的耐冲击性和韧性较好，可用于制作散热器水缸，汽车行驶时更耐碎石的冲击。此外，PA56具有耐高温疲劳性，可用于生产平衡旋转轴齿轮、绝缘垫圈、挡板座，还可用于生产船舶上的涡轮、螺旋推进器、滑动轴承等。

（3）在电器电子行业中的应用。

聚酰胺 PA56 具有较好的电绝缘性、耐化学腐蚀性、高强高模、耐高温等特点，可用于生产各种日常电器设备，如吸尘器、电饭锅、高频电子食品加热器、断路器、交流接触器、继电器、墙壁开关、电源连接器、插座等。

（4）在日用品方面的应用。

聚酰胺 PA56 具有较好的耐蠕变特性和耐溶剂性，可以制造一系列的日用品，如冰鞋、滑雪板零件、帆板连接器、网球拍线套等耐磨产品。

5.3.2　聚酰胺 PA510 和 PA5T

1. 聚酰胺 PA510 和 PA5T 的结构

聚酰胺 PA510，俗称尼龙 510，化学名称为聚癸二酰戊二胺，具有高熔点（215℃）、低吸水率（1.8%）、低密度（$1.07\ \mathrm{g/cm^3}$）等优点，材料性能极佳[35]。其结构式如图 5.7 所示。

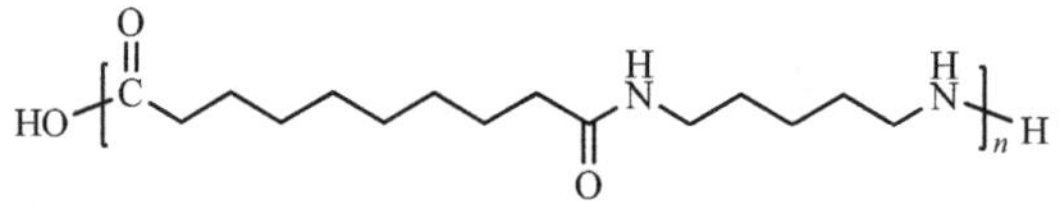

图 5.7　聚酰胺 PA510 结构式

聚酰胺 PA5T，俗称尼龙 5T，化学名称为聚对苯二甲酰戊二胺，结构式如图 5.8 所示。PA5T 的熔点比 PA6T 更低，而玻璃化转变温度较高，这对于其实际使用是一个良好的特征，并且其耐酸性和热滞留稳定性高于 PA6T。

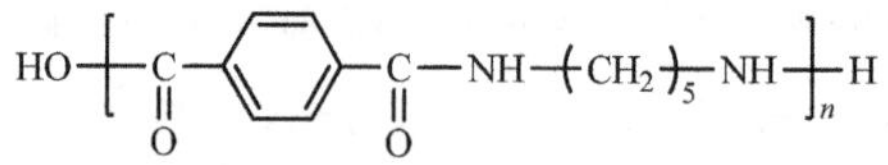

图 5.8　聚酰胺 PA5T 结构式

2. 聚酰胺 PA510 和 PA5T 的合成工艺

聚酰胺 PA510 是以生物法合成的 1, 5-戊二胺和癸二酸作为聚合单体，进行缩聚反应,制得完全生物基 PA510。首先,将 1,5-戊二胺、癸二酸及水按照摩尔比 1∶1∶16 混合,以次磷酸钠为催化剂,140℃下保温 30 min 获得 PA510 盐;其次,在 215℃、1.72 MPa 下恒压 45 min,同时缓慢去除水蒸气,结束后压力降至常压完成预聚过程;最后加热至 270℃,常压下搅拌 80 min 后,在绝对压力下继续搅拌 10 min 完成 PA510 的制备[35]。合成路线如图 5.9 所示。

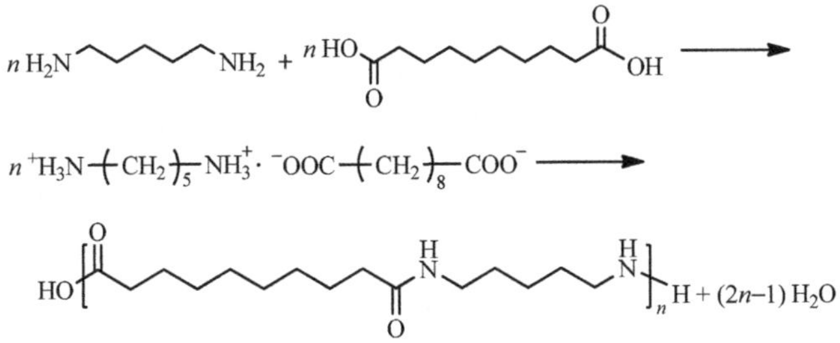

图 5.9　聚酰胺 PA510 合成过程示意图

聚酰胺 PA5T 采用生物法合成的 1,5-戊二胺作为聚合单体,将 1,5-戊二胺和对苯二甲酰氯进行缩聚反应,制得生物基纤维 PA5T,具体合成路线如图 5.10 所示。

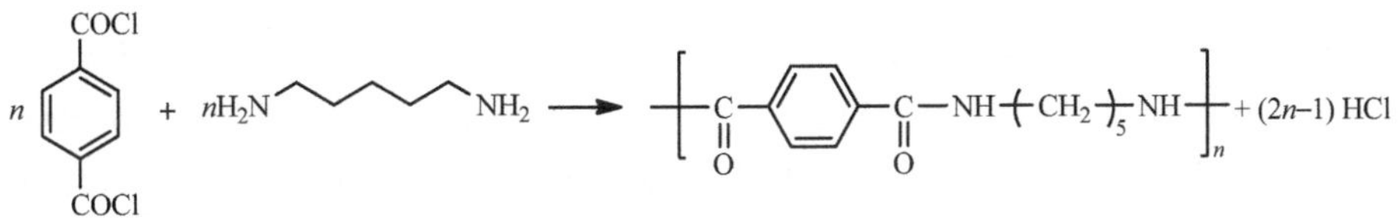

图 5.10　聚酰胺 PA5T 合成过程示意图

5.3.3　聚酰胺 PA5X 国内外研究进展

1. 规模化生产

日本味之素株式会社是最早开发生物基 1,5-戊二胺的企业,2012 年,其与日本东丽株式会社签订了包含 1,5-戊二胺前体 L-赖氨酸生产、L-赖氨酸生产在内的生物基尼龙产业化等多项内容的战略合作协议。

2013 年,总后勤部军需装备研究所与上海凯赛生物技术股份有限公司、辽宁恒星精细化工有限公司及优纤科技(丹东)有限公司合作完成了 PA56 纤维的千克级、吨级规模的纺丝、纺织、印染实验,生产了 11 个服装面料样品,进行了多项面料性能测试。随后,凯赛(金乡)生物材料有限公司在山东凯赛生物科技材料有限公司、山东凯赛生物技术有限公司、山东德国凯赛生物技术有限公司共同投资下，建设了年产 20 万 t PA56 生产线。2016 年，上海凯赛生物技术股份有限公司宣布扩大 PA56 的生产规模，于新疆乌苏建立年产百万吨生物基尼龙生产线。

2014 年以来，中国科学院温廷益团队长期从事生物基 1,5-戊二胺及生物基 PA5X 的研究，建立了高效的、低成本的静息细胞催化工艺和 1,5-戊二胺/尼龙 5X 盐制备工艺，开发了具有自主知识产权的菌种和生产工艺，成功获得了高纯度的 1,5-戊二胺和聚合级尼龙 5X 盐，与宁夏伊品公司展开合作，推动生物基 1,5-戊二胺 PA56 的产业化进程。2017 年，规划总投资 68 亿元的宁夏伊品公司的子公司——黑龙江伊品生物科技有限公司正式开始建设，一期 90 万 t 玉米深加工项目于 2017 年 9 月奠基开工，2018 年 11 月试车投产。在 14 个月时间内建成单体工程 149 个，二期工程——年产 20 万 t 生物基尼龙盐项目已于 2019 年 3 月开工，公司主营业务涉及 L-赖氨酸、PA56 盐溶液以及 PA56 切片的生产。

2. 应用研究

相较于为数不多的规模化生产企业，PA5X 的应用与拓展受到更广泛关注，其中包括美国杜邦公司、日本东丽株式会社、上海凯赛生物技术研发中心有限公司等业内著名企业，也有中国科学院、东南大学、东华大学等知名高校和科研机构。

纳幕尔杜邦公司基于 PA5X 开发了耐热聚酰胺组合物[36, 37]与耐热热塑制品[38, 39]。将 PA56、PA510 及 PA512 作为原料，与其他脂肪族聚酰胺如 PA6、PA66、PA610 及芳香族或脂肪族二酸、脂肪族二胺等共混后制备了耐热聚酰胺组合物，并将其应用于耐热热塑制品的生产。这一技术改善了现有聚酰胺组合物模塑制品长期暴露于高温后的机械性能，同时摆脱了原有耐热模塑制品中需要添加高成本热稳定剂导致的高成本劣势。

日本东丽株式会社开发了以 1,5-戊二胺、对苯二甲酸及其衍生物为主要单体，同时添加二元酸（己二酸、癸二酸等）或二元胺（壬二胺、十一烷二胺等）或内酰胺（己内酰胺、十二内酰胺等）为扩链剂的聚酰胺树脂合成路线。该树脂在熔融滞留稳定性方面性能优异[40]。此外，针对 PA56 的纺丝过程，开发了酸处理结合水热处理工艺，制备得到的 PA56 纺丝无绒毛，机械性能、耐热性能优异，可用于汽车安全气囊的制造[41]。

上海凯赛生物技术研发中心有限公司以 1,5-戊二胺为氨基供体，结合系列脂肪族二元酸（如草酸、丙二酸、丁二酸等），添加抗粘连剂、抗静电剂或爽滑剂后用于制备 PA5X 系列薄膜，薄膜具有高气体阻隔性、优良的抗拉强度和穿刺强度、高柔性和抗撕裂性，以及耐油性和耐各种油脂等优良性能，有望应用于高温蒸煮袋、冷冻肉真空包装、鲜肉包装袋、奶酪香味食品包装袋及包装盖材[42]。此外，

通过在热塑过程添加含哌啶基团的受阻胺稳定剂及光稳定剂等成分，有效提高了
PA56 的耐黄变性，同时性能不受影响[43]。该公司与东华大学合作，将 PA56 纤维
与 PTT 纤维共混，制备成异收缩混纤丝。该混纤丝有效改善了 PTT 纤维的亲水性，
有望用于仿棉、仿真丝纺织品的开发[44]。

随着制备技术的日趋成熟以及规模化产品的稳定市场供应，PA5X 势必与传
统的 PA66 一样，以其为原料的相关应用研究将百花齐放。

5.4　聚酰胺 PA6

5.4.1　聚酰胺 PA6 结构与性质

聚酰胺 PA6，俗称尼龙 6，结构式如图 5.11 所示。PA6 是半透明或不透明乳白色粒子，其分子链中连续排列的亚甲基使材料具备一定的柔性，同时极性酰胺基团之间形成氢键增大了分子间作用力，又赋予了其一定的刚性[45]。

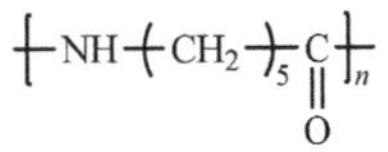

$$\left[NH \left(CH_2 \right)_5 \underset{O}{\overset{\parallel}{C}} \right]_n$$

图 5.11　聚酰胺 PA6 的结构式

5.4.2　聚酰胺 PA6 合成工艺

在 2005 年，美国密歇根大学申请的专利介绍了生物基 PA6 的合成工艺，工
艺流程如图 5.12 所示。该工艺以生物质为原料水解获得葡萄糖或者直接利用葡萄
糖为原料通过谷氨酸棒状杆菌发酵获得 L-赖氨酸，L-赖氨酸在乙醇中加热回流环
化生成己内酰胺，再进一步获取己内酰胺纯品，然后开环聚合生成 PA6。

5.4.3　聚酰胺 PA6 性能及应用

生物基 PA6 的性能与石油基来源一样，其同样可以原有的合成方式进行生产
加工；其具有高机械强度、耐疲劳性、耐摩擦性和耐腐蚀等优异性能，可广泛应
用于工业设备、汽车零件、生活用品等的制造中。

5.4.4　聚酰胺 PA6 国内外研究进展

目前，关于生物基 PA6 的报道不多，最先报道的是美国密歇根大学研究人员
开发的葡萄糖发酵技术生产 L-赖氨酸，再通过化学法合成己内酰胺进行制备的工
艺路线，并且此工艺已申请专利。

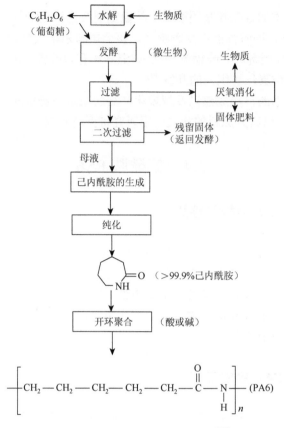

图 5.12　生物基 PA6 制备流程图[46]

　　2018 年，意大利 Aquafil 公司和生物基化学品公司美国 Genomatica 公司宣布，签署了一项多年协议，使用 Genomatica 公司的技术推动生物基己内酰胺生产，为生物基 PA6 提供更好的原料来源[47]。

　　我国的生物基 PA6 还处于研发阶段，目前还没有商品化生产的报道。

5.5　聚酰胺 PA66

5.5.1　聚酰胺 PA66 结构与性质

　　聚酰胺 PA66，俗称尼龙 66，化学名称为聚己二酰己二胺，是半晶体-晶体状态，由半透明或不透明的乳白色结晶聚合物组成，结构式如图 5.13 所示。其密度与结晶程度有关，在 $1.12 \sim 1.16$ g/cm^3 之间；表面张力为 4.6×10^{-6} N/cm，在 23℃环境温度下放置 24h 后，吸水率为 $1.2\% \sim 1.3\%$。

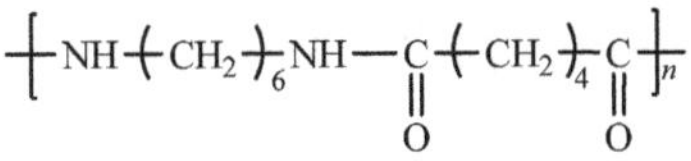

$$\left[NH \left(CH_2 \right)_6 NH - \underset{O}{\overset{\parallel}{C}} \left(CH_2 \right)_4 \underset{O}{\overset{\parallel}{C}} \right]_n$$

图 5.13　聚酰胺 PA66 化学结构式

聚酰胺 PA66 的分子主链中含有大量极性酰胺基以及 N、C 等易于与 H 形成氢键的元素。这种结构组成特点赋予了 PA66 分子间较强的作用力。分子间氢键的存在使 PA66 分子排布规律,具备一定的结晶度。同时,聚酰胺 PA66 分子主链中含有亚甲基,使其分子链具有一定的柔性,其熔点和玻璃化转变温度也随之受到影响。此外,PA66 大分子主链末端含有的氨基和羧基具有反应活性,容易被取代,因此可根据不同的用途采取不同的改性手段来获得具备指定性能的 PA66[48]。

目前,生物基 PA66 可以分为部分生物基和完全生物基,其中一单体己二酸可以由葡萄糖为原料通过微生物发酵结合化学法合成,美国杜邦公司已经使其商品化。Verdezyne 公司和美国 Rennovia 公司也都开发了己二酸合成工艺,同时 Rennovia 公司也开发了生物基 1,6-己二胺的生产工艺,用可再生原料生产完全生物基 PA66。

5.5.2　聚酰胺 PA66 合成工艺及应用

生物基 PA66 可以按照常规的聚合工艺合成,这里不再赘述。但是其生物基单体合成工艺过程相对于传统石油基合成过程成本低 20%~30%,其中,生物基 1,6-己二胺成本比石油基来源低 20%~25%,可减少 50% 的温室气体排放[49]。绿色可持续的生产工艺进一步促进生物基 PA66 的应用生产。PA66 目前还处于研发状态,并且还没有被广泛应用。

5.5.3　聚酰胺 PA66 国内外研究进展

PA66 生产起步较早,1935 年,美国杜邦公司的科学家卡罗瑟斯首次利用己二酸和 1,6-己二胺合成了聚酰胺 PA66。随后 1939 年,杜邦公司将 PA66 实现了工业化,此后 PA66 广泛应用于化纤和工程塑料领域。PA66 的技术及投资门槛较高,行业集中度较高,其生产技术、生产规模主要集中在美国、英国、法国、意大利、德国、日本、中国台湾等国家和地区,主要生产商包括英威达、杜邦、首诺、罗地亚、巴斯夫、兰蒂奇、旭化成等[50]。

生物基 PA66 依然是这些公司最先进行研发的。美国杜邦公司已实现生物基己二酸单体的商品化,可与石油来源的 1,6-己二胺聚合成部分生物基 PA66,生产工艺是融合到原有的生产 PA66 的工艺当中。Verdezyne 公司合成生物基己二酸的研究进入生产实验阶段,并在美国加利福尼亚州建设商业化实验装置,主要用途依然是用于 PA66 的合成。美国 Rennovia 公司也开发新的生物基己二酸合成工艺,并投建第一个商业化的生物基己二酸生产装置，这对生物基 PA66 的应用具有重要推动作用。

我国 PA66 的研制起步较晚。20 世纪 50 年代，国内的三四十个单位开展了 PA66 的小型试验和中型试验研究。到 20 世纪 60 年代中期，开始了 PA66 的大规模生产，1965 年中国石油辽阳石油化纤公司首先引入法国罗纳·普朗克公司的尼龙生产工艺，并自建了年产能为 4.6 万 t 的生产装置。自此之后，我国的尼龙生产公司纷纷引进国外先进的尼龙生产技术和生产设备。

然而，生物基 PA66 的研发未见报道，并且随着生物基 PA56 的研发生产，生物基 PA66 的开发研究受到冷落。

参 考 文 献

[1] 邓如生. 工程塑料——尼龙 46. 工程塑料应用，1990，1：50-53.

[2] 黄晓丹. DSM 公司的 Stanyl 46 介绍. 化工新型材料，1999，2：42-43.

[3] 堀奎太，卡觉新. 尼龙 46. 国外塑料，1986，4：27-29.

[4] Jones N A, Atkins E D T, Hill M J, et al. Polyamides with a choice of structure and crystal surface chemistry. Studies of chain-folded lamellae of Nylons 810 and 1012 and comparison with the other 2N 2(N + 1)Nylons 46 and 68. Macromolecules, 1997, 30：3569-3578.

[5] Leon S, Aleman C, Bermudez M, et al. Structure of nylon 46 lamellar crystals: An investigation including adjacent chain folding. Macromolecules, 2000, 33 (23)：8756-8763.

[6] Bermudez M, Leon S, Aleman C, et al. Structure and morphology of nylon 46 lamellar crystals: Electron microscopy and energy calculations. J Polym Sci Pol Phys, 2000, 38 (1)：41-52.

[7] Atkins E D T, Hill M J, Jones N A, et al. Structure and morphology of nylon 24 lamellar crystals: Comparison with polypeptides and relationship with other nylons. J Polym Sci Pol Phys, 1998, 36 (13)：2401-2412.

[8] Hill M J, Atkins E D T. Morphology and structure of nylon-68 single crystal. Macromolecules, 1995, 28 (2)：604-609.

[9] Aelion R. Nylon 6 and related polymers. Ind Eng Chem, 1961, 53 (10)：826-828.

[10] 赵晓. 高分子量聚己二酰丁二胺的合成工艺及性能研究. 郑州：郑州大学，2014.

[11] Gaymans R J, Van Utteren T E C. Preparation and some properties of nylon 46. J Polym Sci: Pol Chem Ed, 1977, 15 (3)：537-545.

[12] 陈传合，顾利霞. 尼龙 46 纤维的制备、特性及应用. 合成纤维工业，1995，18 (5)：34-36.

[13] 沈宏康，王强，黄积涛，等. 界面缩聚法合成"超级尼龙"——尼龙 46. 天津理工大学学报，1988，1：5-12.

[14] 汪多仁. 尼龙 46 的开发与应用展望. 化工新型材料，1997，8：26-27.

[15] 汪宝林. 尼龙 46. 现代化工，1990，4：17-20.

[16] 邓如生. 聚酰胺树脂及其应用. 北京：化学工业出版社，2002.

[17] Roerdink E, De Jong P J, Wamier J. Study on the polycondensation kinetics of nylon4, 6 salt. Polym Commun, 1984, 25 (7)：194-195.

[18] 柳连. 尼龙 46. 塑料科技，1989，2：46-49.

[19] Stephen M H. Nylon 46: A new thermoplastic for demanding applications. SAE Technical Paper 910585, 1991, https://doi.org/10.4271/910585.

[20] 傅群，胡祖明，于俊荣. PA46 的性能及其纤维的用途. 产业用纺织品，2001，19（4）：34-36.

[21] Wallace H C，George D G. Preparation of polyamides：US2163584. 1936-12-01.

[22] Gaymans R J，Edmond H J，Bour P. Preparation of polytetramethylene adipamide：US4408036. 1981-03-25.

[23] Gaymans R J. Preparation of high molecular polytetramethylene adipamide：US4460762. 1981-03-25.

[24] Gaymans R J，Antonius J P，Bongers. Process for the preparation of polytetramethylene adipamide：US4716214. 1986-09-30.

[25] Edmond H J，Bour P，Jean M M W. Process for making polytetramethylene adipamide：US4463166. 1982-10-13.

[26] Howard A S. Solid phase polymerization of nylon：US5461141. 1993-10-29.

[27] Goede E D，Knape P M，Wamier J M. Process for the production of polytetramethylene adipamides：US5371174. 1994-12-06.

[28] Rudolf B，Bottenbruch L，Brinkmeyer H，et al. Multing process for the preparation of poly(polytetramethylene adipamide)：US4719284. 1988-01-12.

[29] Roerdink E，Jean M M W. Process for the preparation of nylon 46：US4722997. 1986-07-25.

[30] Antonius J P，Roerdink E. High molecular weight polytetramethylene adipamide pellets：US4814356. 1988-04-05.

[31] Antonius J P，Roerdink E. Production of high-molecular polytetramethylene adipamide pellet：US4757131. 1986-11-26.

[32] 窦晓勇，李吉芳，牛乐朋. 聚酰胺 46 合成工艺研究. 现代化工，2016，8：105-108.

[33] 李东霞. 生物法合成戊二胺研究进展. 生物工程学报，2014，30（2）：161-174.

[34] 郝新敏，郭亚飞. 生物基锦纶环保加工技术及其应用. 纺织学报，2015，36（4）：159-164.

[35] Kim H T，Baritugo K A，Oh Y H，et al. Metabolic engineering of corynebacterium glutamicum for the high-level production of cadaverine that can be used for the synthesis of biopolyamide 510. ACS Sustain Chem Eng，2018，6（4）：5296-5305.

[36] 汤普森 J L. 热塑性聚酰胺组合物：CN201380020031.7. 2013-04-19.

[37] 纳幕尔杜邦公司. 包含多羟基聚合物的耐热老化聚酰胺组合物：CN201080043813.9. 2010-07-28.

[38] 纳幕尔杜邦公司. 耐热的模塑或挤塑的热塑性制品：CN200980129815.7. 2009-07-30.

[39] 纳幕尔杜邦公司. 包含共稳定剂的耐热热塑性制品：CN200980129973.2. 2009-07-30.

[40] 东丽株式会社. 聚酰胺树脂、聚酰胺树脂组合物以及它们的成型体：CN200980133065.0. 2009-06-29.

[41] 东丽株式会社. 聚酰胺 56 细丝、含有它们的纤维结构、以及气囊织物：CN200980118941.2. 2009-03-10.

[42] 上海凯赛生物技术研发中心有限公司. 一种尼龙薄膜：CN201310060498.6. 2013-02-26.

[43] 上海凯赛生物技术研发中心有限公司. 耐黄变聚酰胺组合物和耐黄变聚酰胺的制备方法：CN201410853814. X. 2014-12-31.

[44] 王学利，俞建勇，刘修才，等. 生物质尼龙 56 纤维/PTT 纤维的 FDY/POY 异收缩混纤丝及其制备方法：CN201610227097.9. 2016-04-13.

[45] 徐柯杰. PA6 熔体中己内酰胺阴离子聚合的研究. 杭州：浙江理工大学，2016.

[46] 戴军，尹乃安. 生物基聚酰胺的制备及性能. 塑料科技，2011，39（5）：72-75.

[47] 钱伯章. Aquafil 与 Genomatica 签署生物基己内酰胺协议. 合成纤维，2018，47（2）：54.

[48] 方华扬. 聚酰胺-66 的研究与综述. 化工中间体，2017，1.

[49] 黄正强，崔喆，张鹤鸣，等. 生物基聚酰胺研究进展. 生物工程学报，2016（6）：761-774.

[50] 李春丽. 尼龙 66 产业的历史与发展之我见. 价值工程，2014，6：30-32.

索　引